零基础学 Premiere Pro 短视频制作

陈玘珧 著

人 民 邮 电 出 版 社
北 京

图书在版编目（CIP）数据

零基础学Premiere Pro短视频制作 / 陈玘珧著. -- 北京 : 人民邮电出版社, 2023.6
ISBN 978-7-115-61373-8

Ⅰ. ①零… Ⅱ. ①陈… Ⅲ. ①视频编辑软件－教材 Ⅳ. ①TN94

中国国家版本馆CIP数据核字(2023)第049831号

内 容 提 要

本书是为 Premiere Pro 初学者量身定做的一本综合基础教程。通过本书，读者不但可以系统、全面地了解 Premiere Pro 的基本概念和操作，还可以通过大量精美范例拓展思路，积累实战经验。

本书共 7 章，从基本的 Premiere Pro 工作界面开始讲起，逐步深入地讲解软件的基本操作、素材剪辑、动画制作、音频处理、字幕添加、特效制作等核心功能及操作，最后通过案例综合应用前面所介绍的知识。

本书内容全面，语言简洁、流畅，不但适合 Premiere Pro 初学者学习，也适合作为大中专院校和培训机构相关专业的教材，同时适合广大视频剪辑爱好者、影视动画制作者、影视剪辑从业人员进行学习参考。

◆ 著　　　陈玘珧
责任编辑　杨　婧
责任印制　陈　犇

◆ 人民邮电出版社出版发行　　北京市丰台区成寿寺路 11 号
邮编　100164　　电子邮件　315@ptpress.com.cn
网址　https://www.ptpress.com.cn
天津图文方嘉印刷有限公司印刷

◆ 开本：690×970　1/16
印张：10.5　　　　2023 年 6 月第 1 版
字数：270 千字　　　　2023 年 6 月天津第 1 次印刷

定价：69.00 元

读者服务热线：(010)81055296　印装质量热线：(010)81055316
反盗版热线：(010)81055315
广告经营许可证：京东市监广登字 20170147 号

前言

Premiere Pro是一款视频剪辑爱好者和专业人士必不可少的软件，它提供的视频剪辑系统极具扩展性，高效且灵活，支持多种视频、音频和图像格式。Premiere Pro能够让你高效工作，创作出富有创意的作品，同时又无须转换媒体格式。它提供了一整套功能强大的专用工具，让你能够顺利应对工作流程中遇到的所有挑战，最终得到满足要求的高质量作品。

全书共7章，全面讲解Premiere Pro的基本功能和使用方法。本书在基础知识的讲解中插入实例应用，有助于读者学习和巩固基础知识并提高实战技能。本书内容由浅入深、由简到繁，讲解方式新颖，注重激发读者的学习兴趣，培养读者的动手能力，非常符合读者学习新知识的思维习惯。

如果读者对Premiere Pro还比较陌生，可以先了解使用Premiere Pro所需的基本知识和概念，为掌握Premiere Pro的相关操作打下坚实的基础；本书也能让有一定基础的读者高效掌握重点和难点，快速提升视频剪辑与制作的能力。同时本书适合各类相关内容的培训班学员及广大自学人员参考。

本书主要讲解如下内容，并附赠书中案例所用的视频及图片素材。

第1章介绍使用Premiere Pro时的一些基本操作，包括新建项目，面板的移动、打开和关闭，导入文件等。

第2章介绍使用Premiere Pro中的各种工具对素材进行编辑的方法。

第3章介绍动画的概念以及使用Premiere Pro中的多个工具对视频、音频进行调整，从而制作出最终动画效果的方法。

第4章介绍导出项目文件的方法、视频过渡特效及新建项的使用。

第5章介绍在序列中创建字幕、字幕相关工具的使用方法与技巧。

第6章介绍如何在影片上添加视频特效，从而使影片具有很强的视觉感染力。

第7章介绍5个基础案例，帮助读者进一步理解基础理论，提升视频剪辑水平。

本书是基于Premiere Pro CC 2019编写的，建议读者使用该版本软件。如果读者使用的是其他版本的Premiere Pro，也可以正常学习本书所有内容。

第1章

Premiere Pro基础

第2章

Premiere Pro工具的使用技巧

第3章

使用Premiere Pro制作动画

第4章

Premiere Pro其他工具的使用技巧

第5章

Premiere Pro字幕编辑与制作

第6章

Premiere Pro特效制作

第7章

Premiere Pro短视频制作案例

第1章

◆◆◆◆◆

Premiere Pro基础

Premiere Pro 是一款视频编辑软件，它拥有大量简单、实用并且非常强大的工具，可以满足用户对高质量视频内容的剪辑需求。本章将主要介绍 Premiere Pro 软件界面，在 Premiere Pro 中新建项目，移动、打开和关闭面板，导入文件等基础操作。

1.1

全面认识 Premiere Pro 软件界面

在正式学习Premiere Pro的使用技巧之前，读者需要下载软件，并且认识软件的界面，包括各个功能区的名称、位置和主要用途。认识界面后，读者可以在后续的学习中快速地找到对应操作的位置，提升学习效率。

开始界面

安装好软件后，打开软件，便会看到图1-1-1所示的Premiere Pro开始界面（因为之前已经使用过Premiere Pro，所以界面中显示了部分最近使用项）。可以看到，开始界面主要由3个部分组成：新建项目、打开项目、最近使用项。

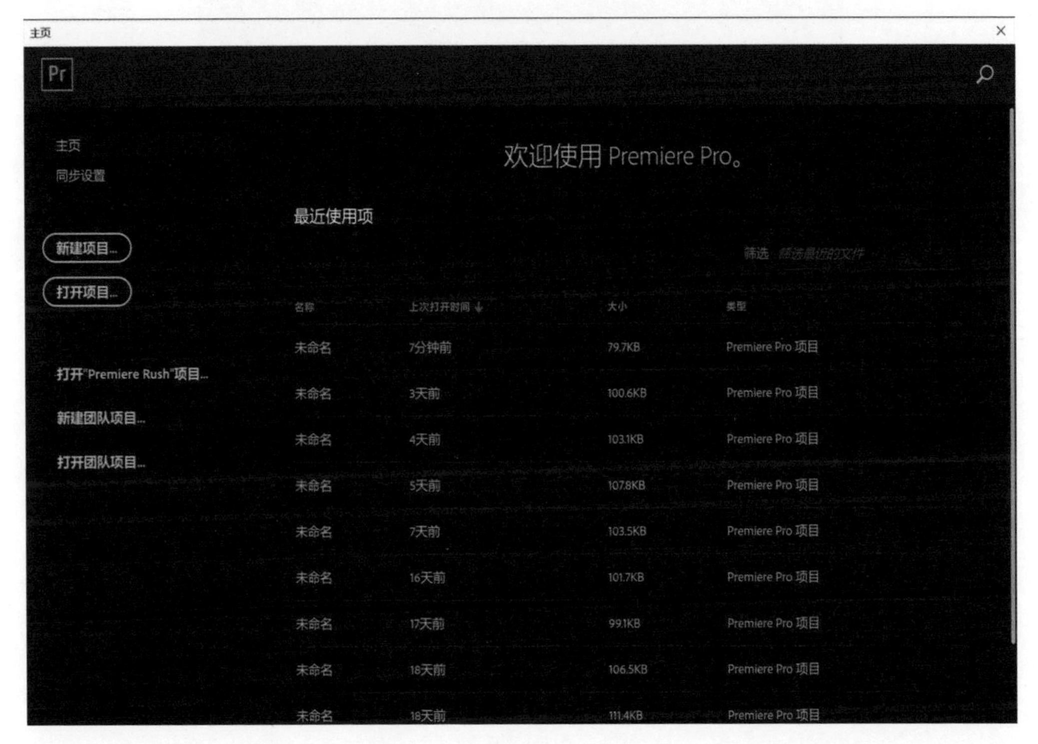

图1-1-1

● 新建项目：新建一个空项目。我们可以对项目文件进行任意命名，但最好使用方便识别的名称。

● 打开项目：单击该按钮，可以通过在对话框中选择磁盘上的项目文件，打开一个已有的项目。

● 最近使用项：列表列出了最近使用的项目。当鼠标指针被放到最近使用的项目上时，会出现项目文件所在的位置。

单击【新建项目】按钮，出现图1-1-2所示的对话框。在该对话框中可以对项目的名称及文件存储位置等进行设置，单击【确定】按钮即可进入Premiere Pro的主界面。

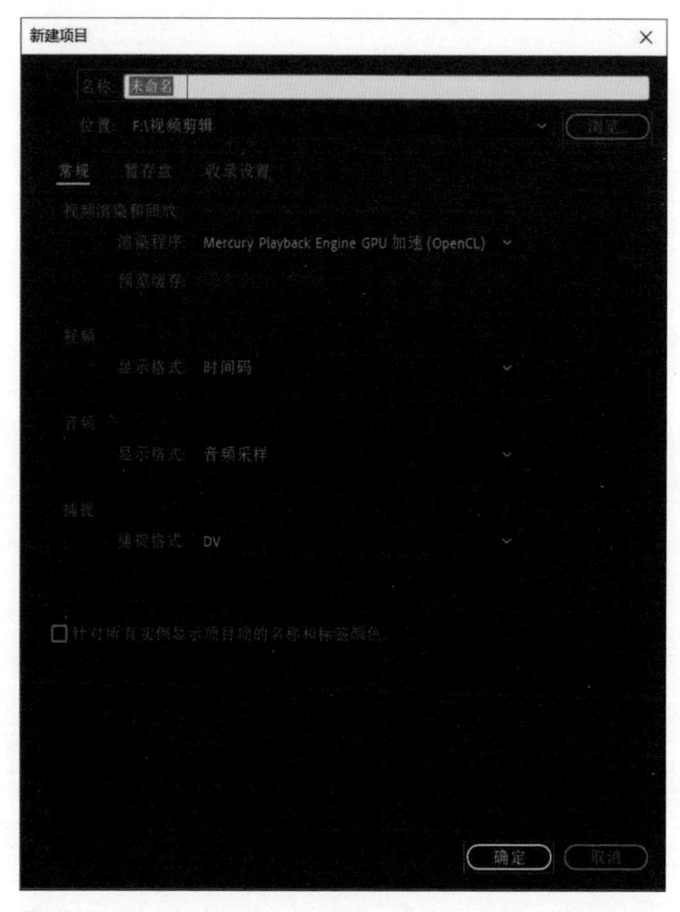

图1-1-2

主界面

Premiere Pro的主界面（见图1-1-3）由多个板块组成，左上方是菜单栏，中间上方是工作区选项，中间下方是视图面板。

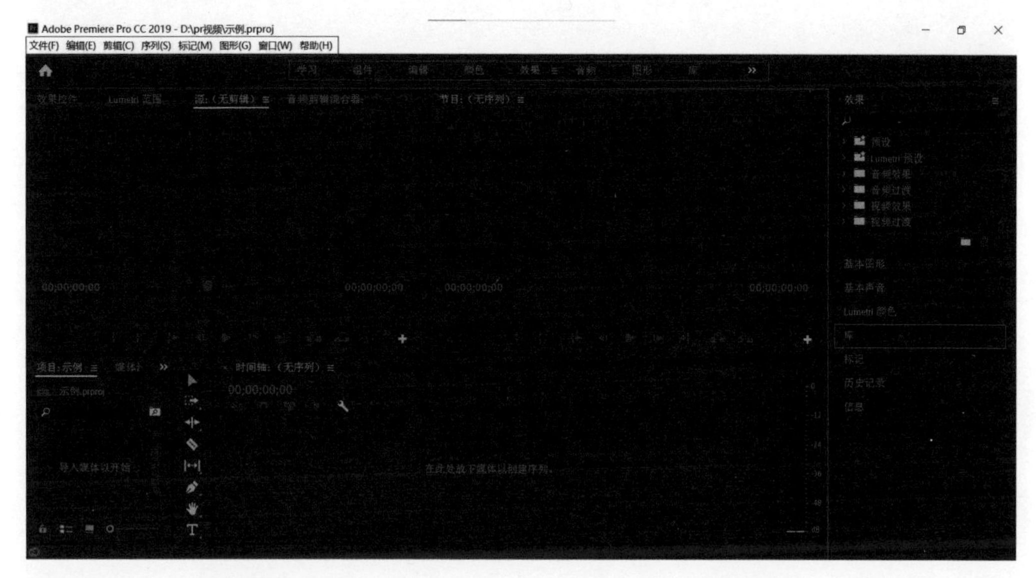

图1-1-3

当鼠标指针被放到菜单栏（见图1-1-4）中的不同菜单上时，会出现显示不同的下拉菜单，它们的作用及使用方法将在后文进行讲解。

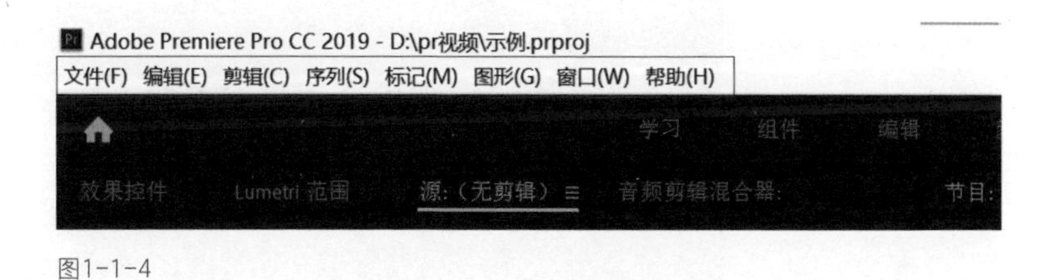

图1-1-4

在后期制作中，不同类型的处理方式对应不同类型的功能窗口和控制面板，Premiere Pro的工作区选项中预设了多种界面布局，如图1-1-5所示，便于用户的操作与使用，相关内容将在后文进行讲解。

图1-1-5

视图面板被黑线分割成为6个板块，如图1-1-6所示。

图1-1-6

首先介绍第一个板块（左上角）。第一个板块包含【源】、【效果控件】及【音频剪辑混合器】3个面板，如图1-1-7所示。

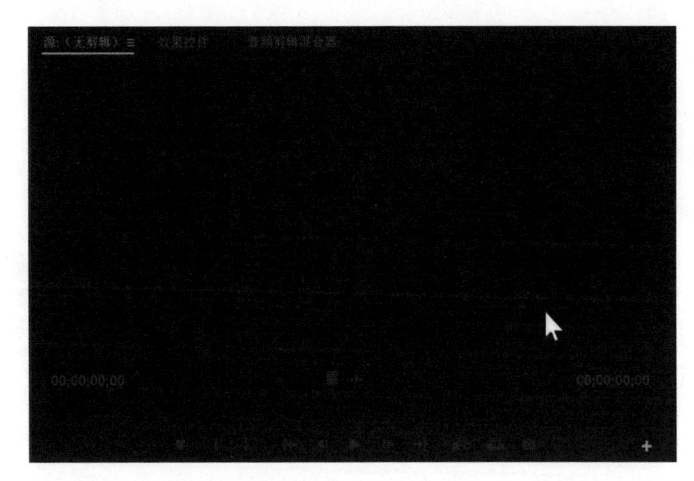

图1-1-7

- 【源】：用于播放及预览源文件，这里显示的文件是未经过处理与加工的。
- 【效果控件】：用于对素材设置参数，添加特效。
- 【音频剪辑混合器】：可以对视频素材伴随的音频进行处理。

第二个板块位于右上角（见图1-1-8），与【源】面板用于播放及预览源文件作用不同的是，【节目】面板中显示的是素材被处理加工后的效果，例如当你为源素材添加特效，合成后特效的动画可以在这个面板进行预览。

图1-1-8

位于左下角的板块是【项目】面板（见图1-1-9），在这个板块你可以导入当前项目需要用到的各种素材，这里将会用列表显示导入素材的类型、名称等。

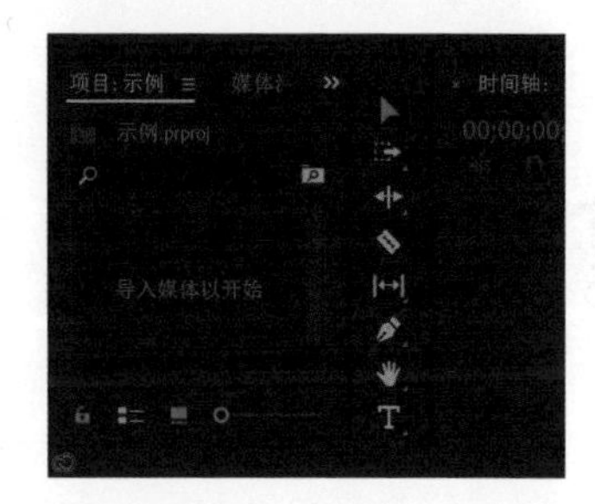

图1-1-9

【时间轴】面板（见图1-1-10）是Premiere Pro中最重要的编辑面板，在其中可以对各种素材进行排列与连接，以及对视频进行剪辑、合成效果等。

图1-1-10

在【项目】面板和【时间轴】面板中间的是【工具】面板（见图1-1-11）。它由8个按钮组成，包含视频剪辑中常用的工具，绝大部分视频的后期都可以用这些工具进行处理。

最后一个板块位于界面右下角（见图1-1-12），显示音频播放时的声音大小。

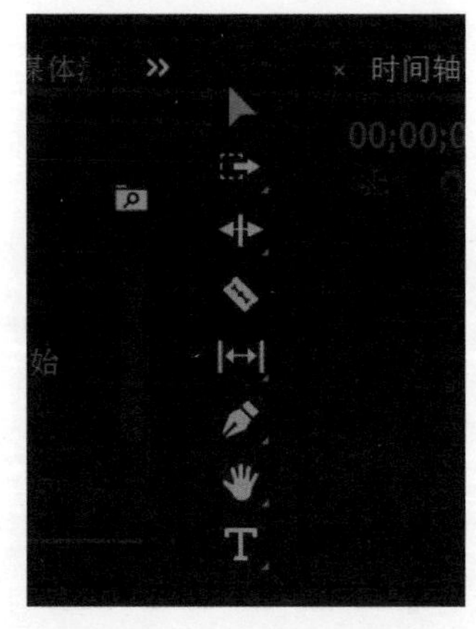

图1-1-11

图1-1-12

本节主要是对Premiere Pro的界面布局进行大致的介绍，后续将会对各个板块的功能及使用进行详细的介绍。

1.2 新建项目及参数设置

新建工程项目

在对视频进行剪辑之前，通常需要新建一个项目，并对其预设和参数做出一些调整，然后在这个项目中对视频进行处理。

启动Premiere Pro，在开始界面（见图1-2-1）中单击【新建项目】按钮，弹出【新建项目】对话框，如图1-2-2所示。

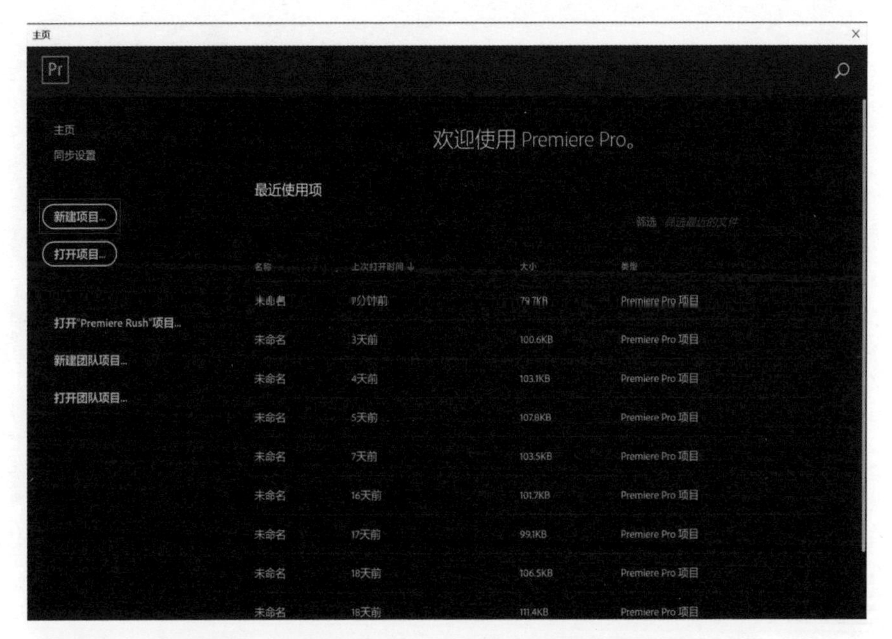
主页
Pr
主页
同步设置
欢迎使用 Premiere Pro。
最近使用项
新建项目...
打开项目...
打开"Premiere Rush"项目...
新建团队项目...
打开团队项目...
筛选
未命名 3天前 100.6KB Premiere Pro 项目
未命名 4天前 103.1KB Premiere Pro 项目
未命名 5天前 107.8KB Premiere Pro 项目
未命名 7天前 103.5KB Premiere Pro 项目
未命名 16天前 101.7KB Premiere Pro 项目
未命名 17天前 99.1KB Premiere Pro 项目
未命名 18天前 106.5KB Premiere Pro 项目
未命名 18天前 111.4KB Premiere Pro 项目

图1-2-1

图1-2-2

项目的参数设置

在【名称】文本框中，可以任意设置项目名称。单击【浏览】按钮，可以选择你想要的文件存储位置。在此建议选择一个非C盘的路径，因为Premiere Pro生成的文件很大，保存在C盘可能会影响计算机的使用。

如果以上两步正确，在【新建项目】对话框的【常规】选项卡中，会出现图1-2-3所示的设置。

图1-2-3

在进行视频剪辑时，往往会对素材进行一些特效的添加等操作，渲染相当于把源素材及编辑过后的视觉效果整合在一起，渲染好的预览文件可以直接被呈现，实时播放最终结果。

【视频渲染和回放】板块中的【渲染程序】（见图1-2-4）包含【Mercury Playback Engine GPU加速（OpenCL）】和【仅Mercury Playback Engine软件】两个选项，这里可以根据计算机配置进行选择。如果你的显卡支持GPU加速，选择前一个选项的视频渲染加载效果会更好。

图1-2-4

接下来的两个板块（见图1-2-5）分别用于设置视频和音频数据在【时间轴】面板中时间单位的显示方式。通常情况下，默认设置（即【时间码】和【音频采样】）就可以满足需求，当然，我们也可以根据需求进行其他选择。这些设置仅改变衡量时间的方式而不会改变视频和音频剪辑的方式。

图1-2-5

【视频】板块的【显示格式】有4个选项，如图1-2-6所示。

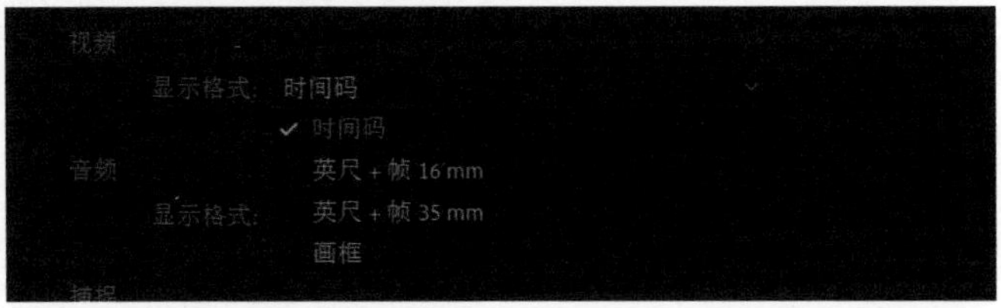

视频
显示格式：时间码
✓ 时间码
音频
英尺 + 帧 16 mm
显示格式：英尺 + 帧 35 mm
画框
捕捉

图1-2-6

● 时间码。这是默认选项。时间码是摄像机在记录图像信号时为每幅图像记录的唯一时间编码，其基本格式是“时：分：秒：帧”，例如01：15：20：07 对应1小时15分20秒07帧。

● 英尺+帧16mm和英尺+帧35mm。胶片领域的使用设定，是指以英尺为单位统计帧数，16mm胶片和35mm胶片的帧数（即每英尺的帧数）是不同的。

● 画框。该选项只统计视频帧数。

【音频】板块的【显示格式】有两个选项，如图1-2-7所示。

音频
显示格式：音频采样
✓ 音频采样
捕捉
毫秒

图1-2-7

● 音频采样。该选项支持在播放剪辑和序列时，选择时间显示方式，例如“时：分：秒：帧”或者“时：分：秒：采样”。

● 毫秒。该选项使用“时：分：秒：毫秒”显示序列中的时间。

【捕捉】板块的【捕捉格式】有两个选项，如图1-2-8所示，【DV】是清晰的，【HDV】是普通的。一般情况下，两者皆可。

捕捉
捕捉格式：DV
✓ DV
HDV

图1-2-8

【暂存盘】选项卡用于设置存放素材、存档文件和成品的文件夹，如图1-2-9所示。如果项目很大，可以设置多个文件夹进行分类，将各个暂存盘设置在不同的文件夹中，这样可以提高工作效率与系统性能。

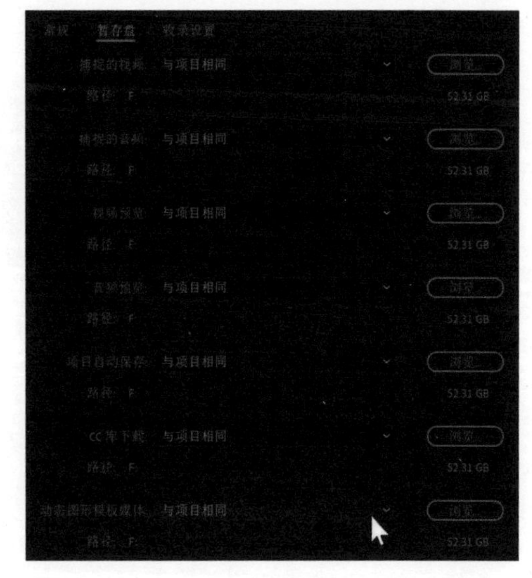

图1-2-9

【收录设置】选项卡（见图1-2-10）中的设置一般无须调整，使用默认设置即可。单击【确定】按钮打开新建的项目。

在创建好项目之后，就该开始创建序列了。在主界面找到【新建项】按钮并单击，在弹出的菜单中选择【序列】选项，如图1-2-11所示。

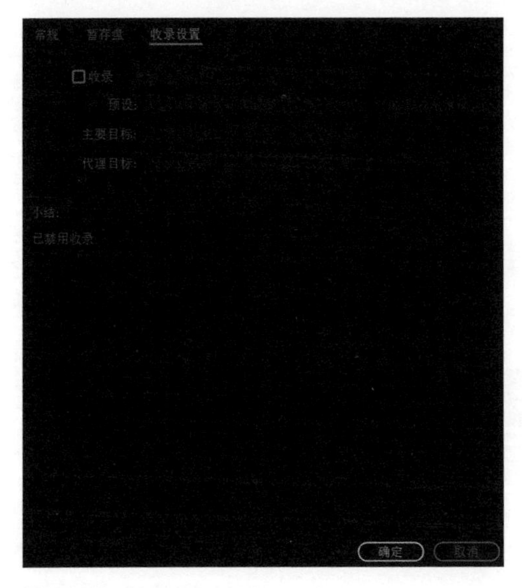

图1-2-10

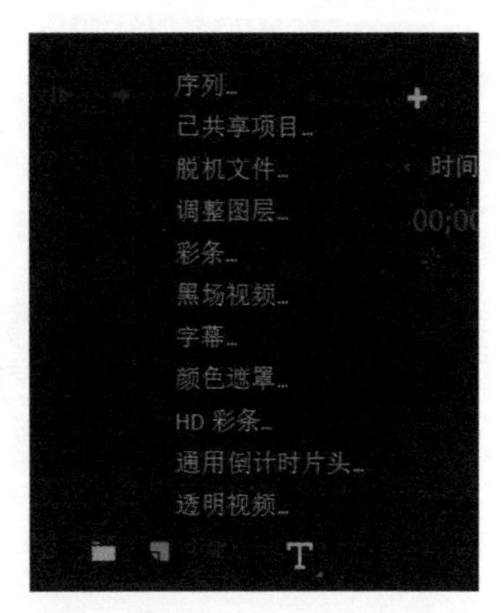

图1-2-11

弹出图1-2-12所示的对话框。序列用于存储视频、音频和图片。预设文件夹名称代表了设备的型号和类型。Premiere Pro提供的预设包含市面上常用的设备型号和类型。【HDV】较常使用。单击文件夹可以选择序列的帧速率和帧尺寸。在对话框右侧可以看到预设描述。

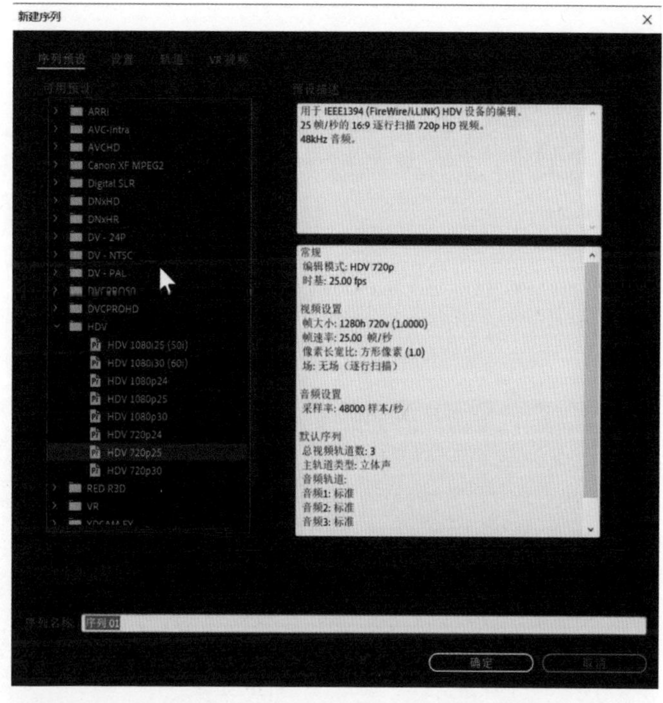

图1-2-12

在【设置】选项卡中可以对序列的设置进行具体的修改，如图1-2-13所示。这可以使Premiere Pro自动根据序列的设置调整源素材的格式使其匹配。

【轨道】及【VR视频】选项卡的内容将在后文进行介绍。

在【新建序列】对话框中单击【确定】按钮，将该对话框关闭。

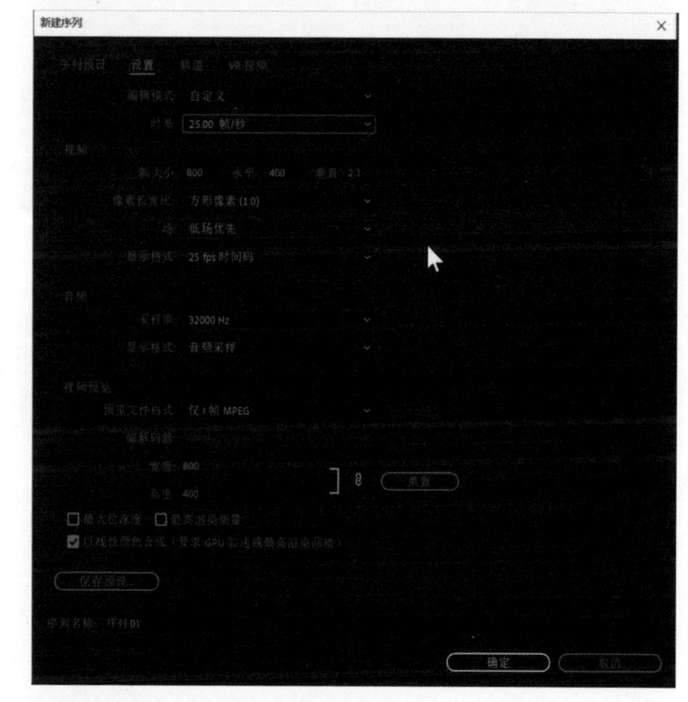

图1-2-13

1.3

面板的移动、打开和关闭

用户可以根据实际需要，对面板的位置和大小进行调整。单击一个面板时，面板周围会出现蓝色边框，如图1-3-1所示，这意味着我们可以对该面板进行操作。

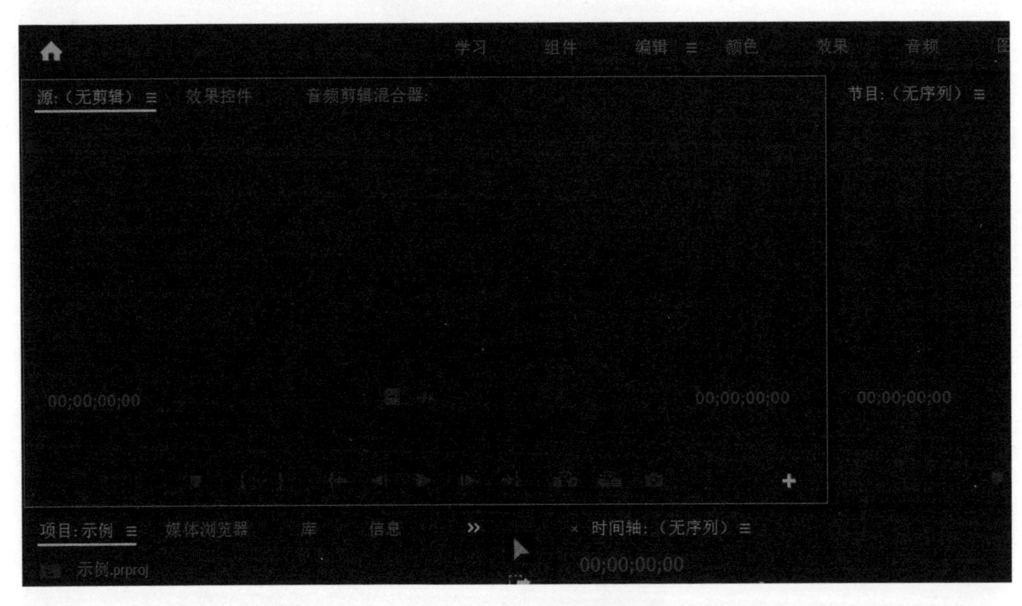

图1-3-1

每一个面板的大小和位置都是可以调整的。当我们对一个面板或面板组的大小和位置进行调整时，其他面板的大小和位置会随之改变。

将鼠标指针移动到【源】面板和【节目】面板间的黑色分隔线上，鼠标指针会转变成双向箭头形状，如图1-3-2所示，此时按住鼠标左键，移动鼠标指针可以调整面板的大小。

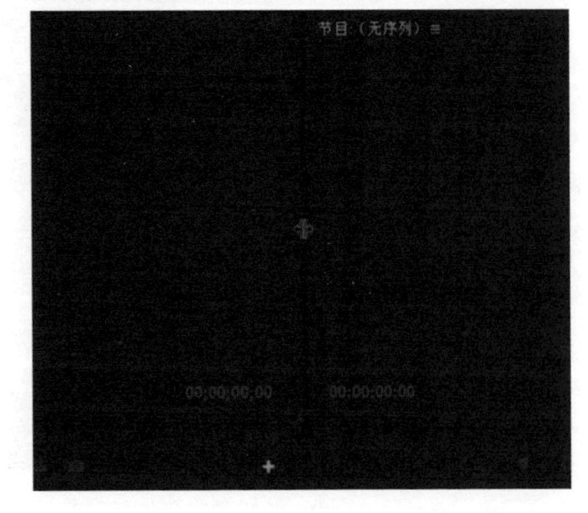

图1-3-2

同样地，鼠标指针位于上下两个面板间的黑色分隔线上时会转变成双向箭头形状，如图1-3-3所示。将鼠标指针移到3个或4个面板的交叉点上时，鼠标指针会转变成四向箭头形状，如图1-3-4所示，按住鼠标左键并移动鼠标指针可以调整面板的大小。

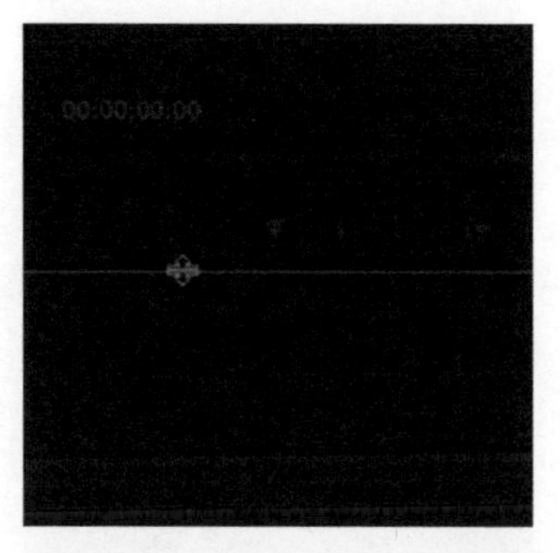

图1-3-3

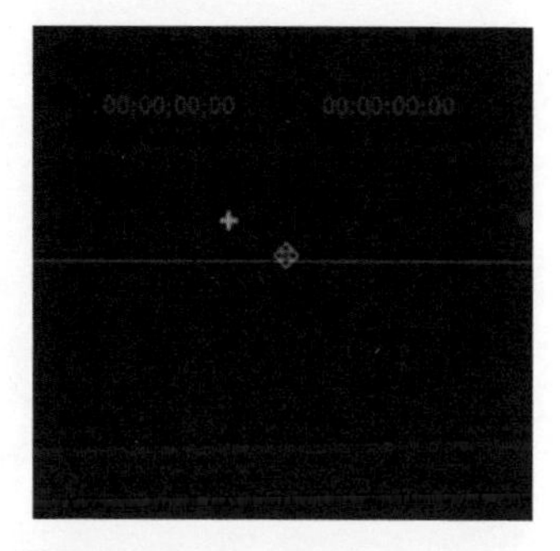

图1-3-4

单击【源】面板名称并按住鼠标左键，移动鼠标指针使其位于【节目】面板上，【节目】面板出现蓝色区域，如图1-3-5所示。如果蓝色区域为梯形，释放鼠标左键后，工作区中新增一个仅包含【源】面板的板块，如图1-3-6所示；如果蓝色区域为矩形，释放鼠标左键后，【源】面板会被添加到【节目】面板所在的面板组中，如图1-3-7所示。

图1-3-5

图1-3-6

图1-3-7

一般情况下，单击面板名称（以【源】面板为例）并按住鼠标左键，移动鼠标指针到任意位置，可创建一个浮动面板，如图1-3-8所示。将鼠标指针移动到浮动面板的边缘或者转角处，可以对浮动面板的大小进行调整。

图1-3-8

除此之外，单击图1-3-9所示的左上角的【源（无剪辑）】，在弹出的菜单中选择【浮动面板】选项也可以创建浮动面板。选择【关闭面板】选项，可将相应面板关闭。

单击【窗口】，在弹出的下拉菜单（见图1-3-10）中选择想要打开的面板名称，即可将对应面板打开。

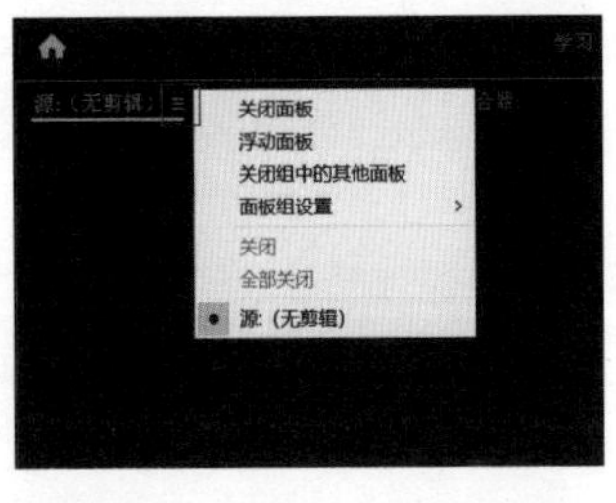

图1-3-9

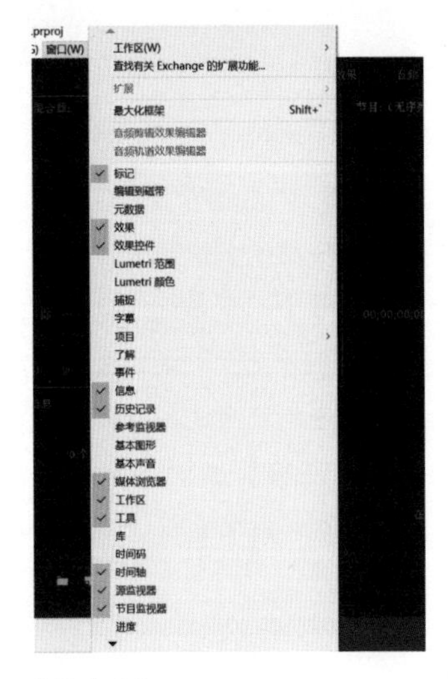

图1-3-10

如果有对工作区位置、大小固定的需求，可以自行定制新的工作区。在设置好不同面板的大小和位置后，选择【窗口】>【工作区】>【另存为新工作区】，如图1-3-11所示，在弹出的【新建工作区】对话框（见图1-3-12）中输入工作区名称，单击【确定】按钮就完成了工作区的定制。

图1-3-11

图1-3-12

若需要把当前工作区恢复成默认布局，则选择【窗口】>【工作区】>【重置为保存的布局】，如图1-3-13所示。

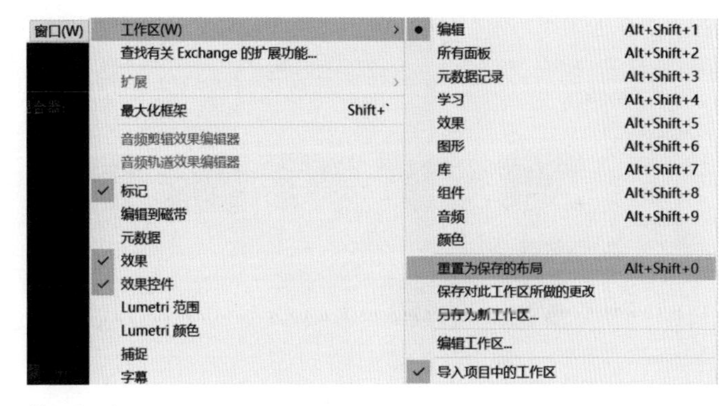

图1-3-13

1.4 【项目】面板中的参数和文件导入

在Premiere Pro中，常用的导入文件的方法有3种。

● 选择【菜单】>【导入】，如图1-4-1所示。此时弹出图1-4-2所示的对话框，可以选择计算机中的素材，单击【打开】按钮。导入完成后，【项目】面板中会显示已导入的素材，如图1-4-3所示。还可以直接把【项目】面板中的素材拖动到【源】面板中。

图1-4-1

图1-4-2

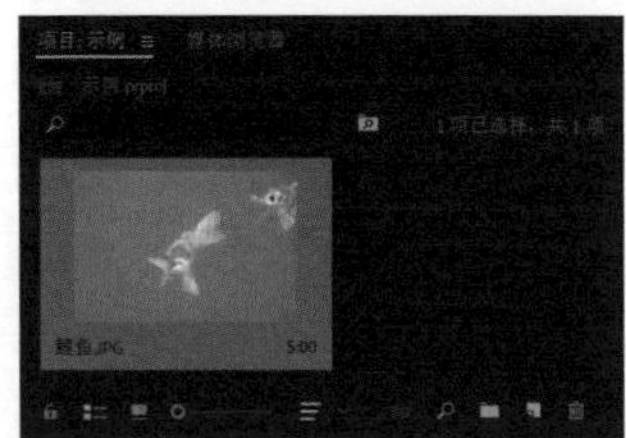

图1-4-3

● 在【项目】面板黑色空白处单击鼠标右键，在弹出的快捷菜单中选择【导入】选项，如图1-4-4所示，弹出图1-4-2所示的对话框，选择文件并单击【打开】按钮完成导入。

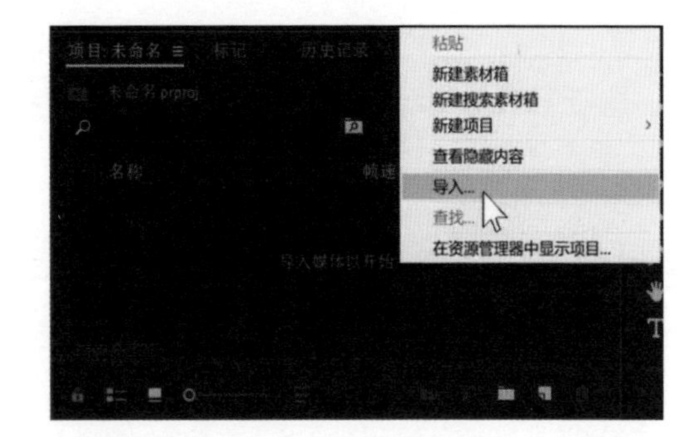

图1-4-4

● 在【项目】面板黑色空白处（见图1-4-5）双击鼠标右键，弹出图1-4-2所示的对话框，选择文件并单击【打开】按钮完成导入。这种方法是最简单的方法，也是使用得最多的方法。

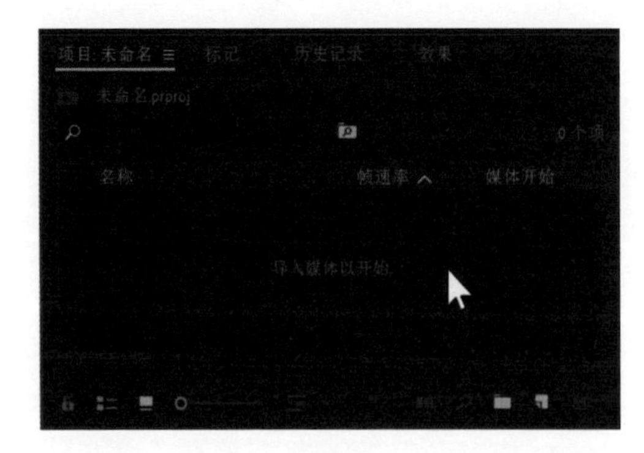

图1-4-5

右击【项目】面板进入编辑模式。在英文输入法下，按住【~】键，进入图1-4-6所示的界面。单击左下角图标可切换视图。

图1-4-6

在【项目】面板名称处单击鼠标右键，在弹出的快捷菜单中选择【新建素材箱】选项，如图1-4-7所示，【项目】面板中出现一个文件夹，如图1-4-8所示。可以用鼠标右键将任意一个素材拖至文件夹中，便于对素材进行管理。

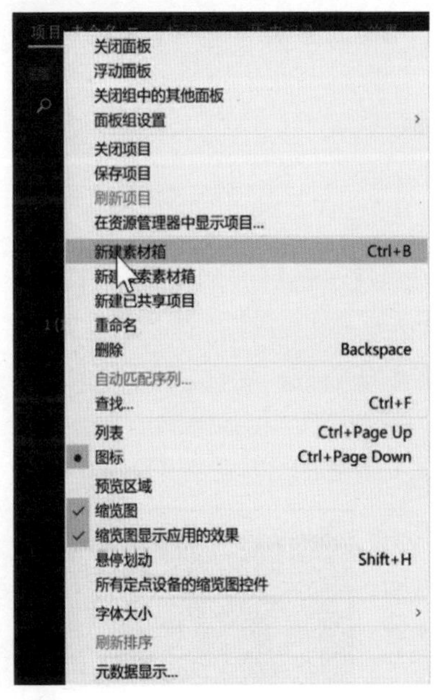

图1-4-7

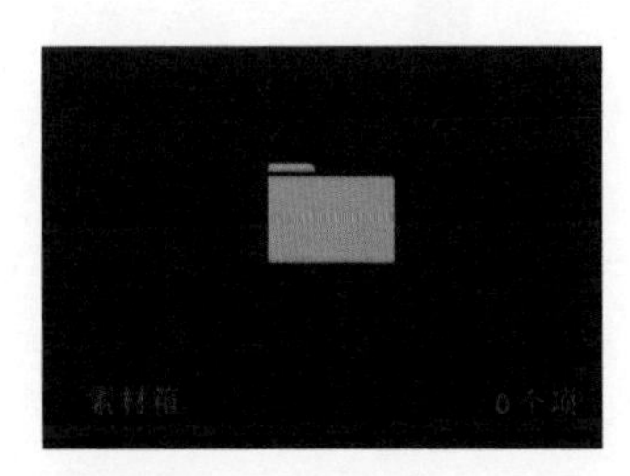

图1-4-8

在【项目】面板名称处单击鼠标右键，在弹出的快捷菜单中选择【新建搜索素材箱】选项，如图1-4-9所示，打开【创建搜索素材箱】对话框，如图1-4-10所示。根据素材的属性进行设置，单击【确定】按钮进行查找，Premiere Pro将自动新建一个素材箱，其中包含符合搜索条件的素材。

图1-4-9

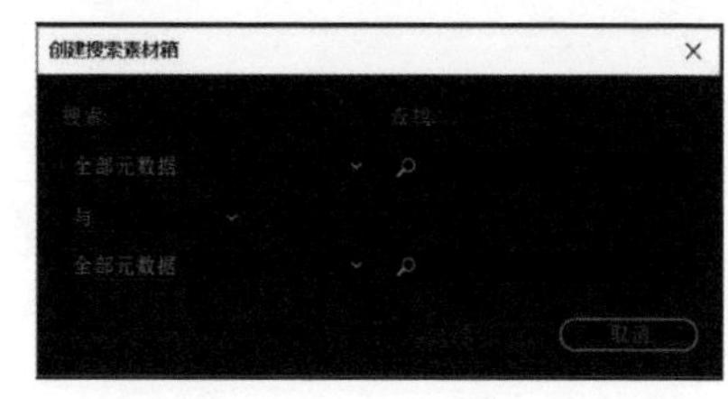

图1-4-10

在【项目】面板名称处单击鼠标右键，在弹出的快捷菜单中选择【查找】选项，如图1-4-11所示，打开【查找】对话框，如图1-4-12所示。【查找】功能与【新建搜索素材箱】功能相似，区别是单击【查找】按钮后，查找到的素材不会被放入素材箱中。

图1-4-11

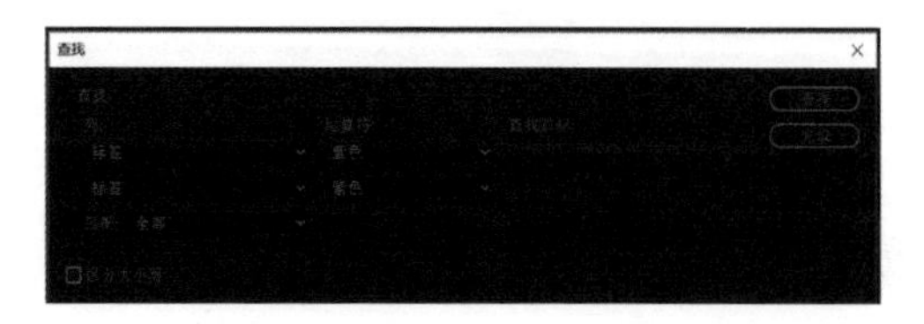

图1-4-12

在【项目】面板名称处单击鼠标右键，在弹出的快捷菜单中选择【预览区域】选项，如图1-4-13所示，进入图1-4-14所示的界面。单击任意素材，在右上角可以对素材进行实时预览。

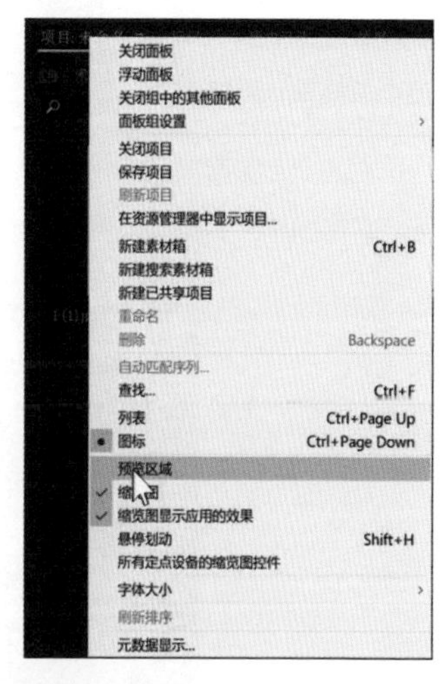

图1-4-13

图1-4-14

1.5

PSD 文件的导入方式和快捷键

Premiere Pro和Photoshop都是Adobe公司的软件，用Photoshop生成的文件可以直接在Premiere Pro中打

开。Photoshop处理过的图像文件可能包含多个图层。我们可以把Photoshop中的PSD文件导入Premiere Pro中进行编辑或动画制作。

在【项目】面板黑色空白处双击鼠标右键，在弹出的对话框中选择要导入的PSD文件，单击【打开】按钮，弹出图1-5-1所示的【导入分层文件】对话框。

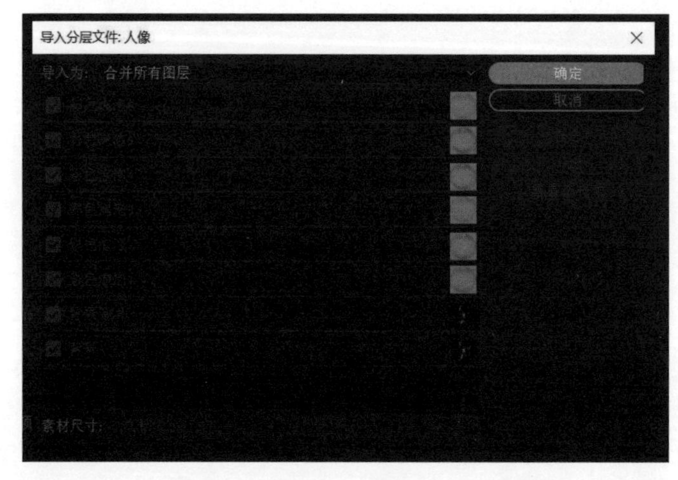

图1-5-1

在【导入分层文件】对话框中，有4种图像处理方式可选择，如图1-5-2所示。

图1-5-2

- 合并所有图层：把所有图层合并成一个图层进行导入。
- 合并的图层：只合并选择的图层并将其导入。
- 各个图层：只导入选择的图层，在【项目】面板中，每个图层都独立存在。
- 序列： 只导入选择的图层，每个图层都独立存在，同时Premiere Pro自动新建一个序列（基于导入的PSD文件设置帧的大小），所导入的图层保持原有的堆叠顺序分布在独立的轨道上。

下面来看一个例子，图1-5-3所示的图像实际上由许多图层组成，如图1-5-4所示。

图1-5-3

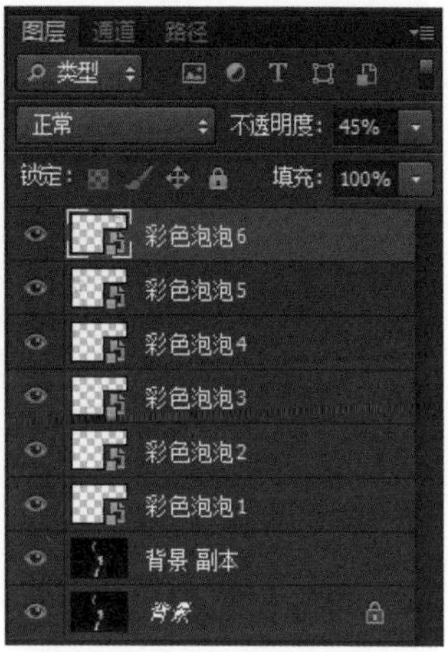

图1-5-4

选择【合并所有图层】进行导入时，导入结果如图1-5-5、图1-5-6所示。

图1-5-5

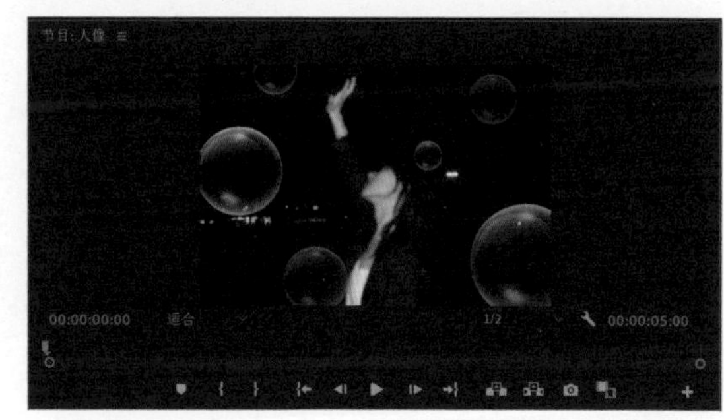

图1-5-6

选择【合并的图层】进行导入时，我们勾选部分图层，如图1-5-7所示，单击【确定】按钮，导入结果如图1-5-8、图1-5-9所示。

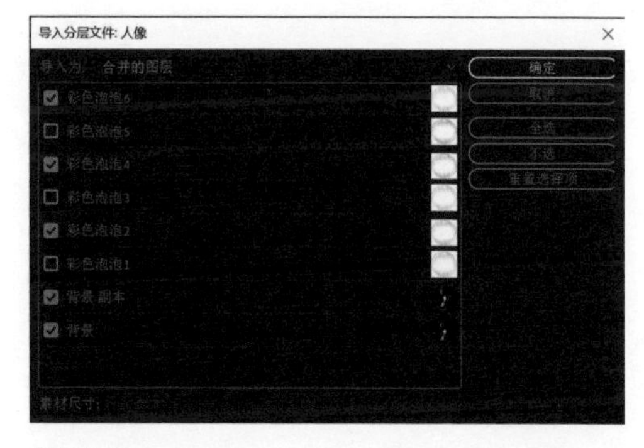

图1-5-7

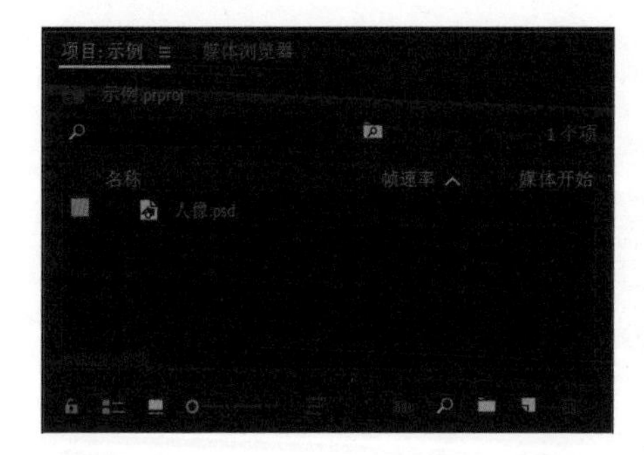

图1-5-8

图1-5-9

选择【各个图层】进行导入时，【项目】面板中将生成一个文件夹，如图1-5-10所示，打开文件夹，如图1-5-11所示，里面包含的每一张图像对应着原PSD文件的每一个图层。

图1-5-10

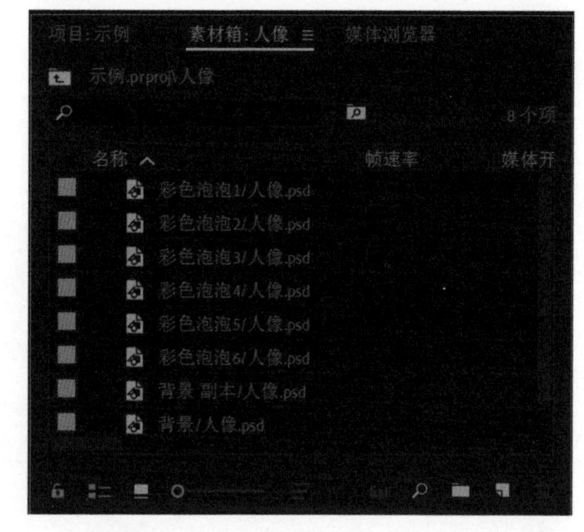

图1-5-11

选择【各个图层】时，【导入分层文件】对话框底部的【素材尺寸】变为可用状态，它包含两个选项，如图1-5-12所示。

● 文档大小：Premiere Pro按照原始Photoshop文档的尺寸导入选择的图层。

● 图层大小：Premiere Pro导入文件的画面大小与原始Photoshop文件中各个图层的画面大小进行匹配，尺寸小于画布的图层周围的透明区域自动被裁剪掉，并且图层会被放置到画面的中央。

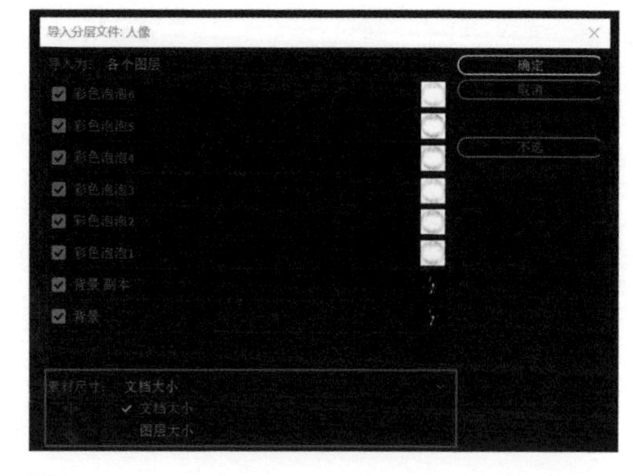

图1-5-12

熟练使用快捷键能够方便我们使用Premiere Pro进行剪辑操作。

在【工具】面板中，当鼠标指针移动到【选择工具】图标上时，会出现图1-5-13所示的标签，【V】为选择工具的快捷键。

如果我们想知道更多快捷键，可选择【编辑】>【快捷键】，如图1-5-14所示，弹出图1-5-15所示的对话框，该对话框展示了所有可供使用的快捷键。

图1-5-13

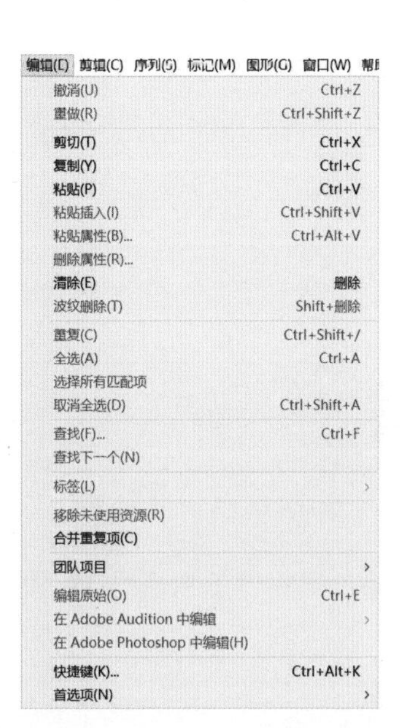

图1-5-14

图1-5-15

第2章

◆◆◆◆◆

Premiere Pro工具的使用技巧

第1章简单介绍了Premiere Pro的界面及基本操作。新建项目文件或打开已有的项目文件后，可以使用软件提供的各种功能和工具进行相应的操作。面对不同的视频制作需求，Premiere Pro提供了不同的工具让用户可对项目进行操作。本章将介绍Premiere Pro中不同的工具窗口及具体工具的使用方法。

2.1

【源】面板

【源】面板是Premiere Pro中最基础的面板，如图2-1-1所示。第1章介绍过【源】面板用于播放及预览源文件，这里显示的文件是未经过处理与加工的。本节介绍【源】面板的功能及使用方法。

图2-1-1

向【源】面板中导入一个视频素材，如图2-1-2所示。可以观察到，视频素材下方左右各有一个时间码。左边的时间码代表视频实时播放的位置，右边的时间码代表视频的总长度。

在左边时间码的附近，可以对视频素材在【源】面板中的显示大小进行调节，如图2-1-3所示。

图2-1-2

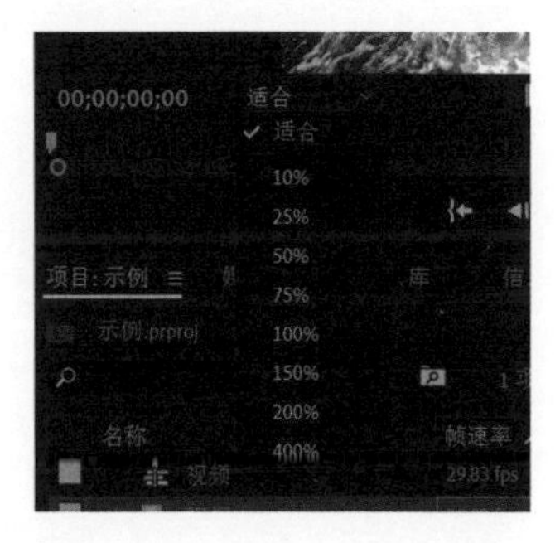

图2-1-3

在左右时间码中间有两个按钮，如图2-1-4所示，当鼠标指针移动到按钮上方时，分别显示【仅拖动视频】和【仅拖动音频】，可以根据具体需求进行选择。

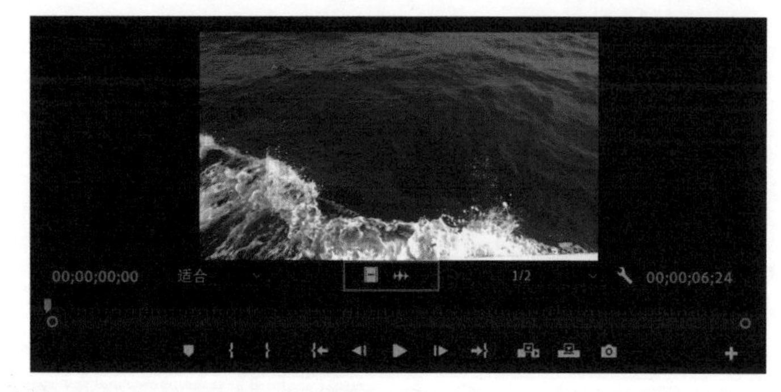

图2-1-4

在【反拖动音频】按钮右侧，可以进行视频分辨率的选择，如图2-1-5所示。分辨率越高，预览显示越清晰；分辨率越低，预览显示越流畅。

接下来介绍一下进度条（见图2-1-6）。蓝色播放滑块会随着视频素材的播放在进度条上移动，它所在的位置代表视频播放的进度。

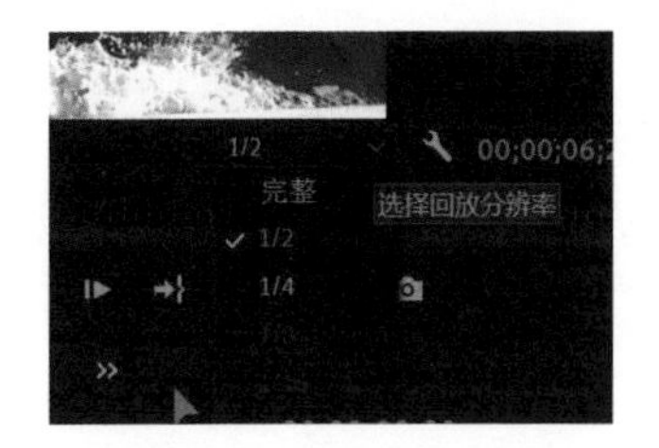

图2-1-5

图2-1-6

【源】面板的底部有许多按钮，如图2-1-7所示，每一个按钮对应着不同的功能。

图2-1-7

● 添加标记：在进度条上播放滑块所在的位置添加标记。标记有助于视频剪辑人员做简单的参考。可以根据需要设置多个标记，如图2-1-8所示。单击标记将出现图2-1-9所示的菜单，选择【清除所选的标记】或【清除所有标记】选项可以对标记进行清除操作。

● 标记入点：当只需对一段素材中的部分进行剪辑时，该工具可以设置部分剪辑的起始位置。设置新的入点后，入点左方显示为黑色，右方显示为灰色，如图2-1-10所示。

● 标记出点：当只需对一段素材中的部分进行剪辑时，该工具可以设置部分剪辑的结束位置。设置新的出点后，出点左方显示为灰色，右方显示为黑色，如图2-1-11所示。

● 转到入点：单击后，播放滑块自动移动到入点处。

● 后退一帧：单击后，素材播放跳转到上一帧。

● 播放或暂停：单击可控制素材预览的播放和暂停。

● 前进一帧：单击后，素材播放跳转到下一帧。

● 转到出点：单击后，播放滑块自动移动到出点处。

● 插入：单击即可向【时间轴】面板中的活动序列插入一段剪辑，插入的剪辑两端为原活动序列，如图2-1-12、图2-1-13所示。

● 覆盖：单击即可向【时间轴】面板中的活动序列插入一段剪辑，插入的剪辑将覆盖一部分原活动序列，如图2-1-14所示。

● 导出帧：单击后，弹出图2-1-15所示的对话框，Premiere Pro将根据【源】面板当前显示的内容创建一张静态图像，用户可以自行编辑图像的名称、路径和格式。

图2-1-8

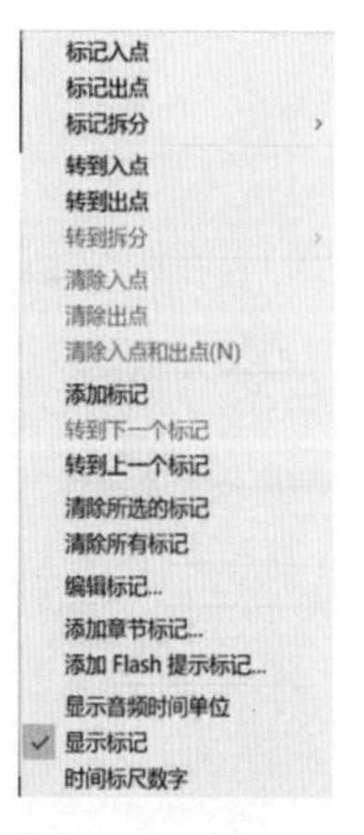

图2-1-9

图2-1-10

图2-1-11

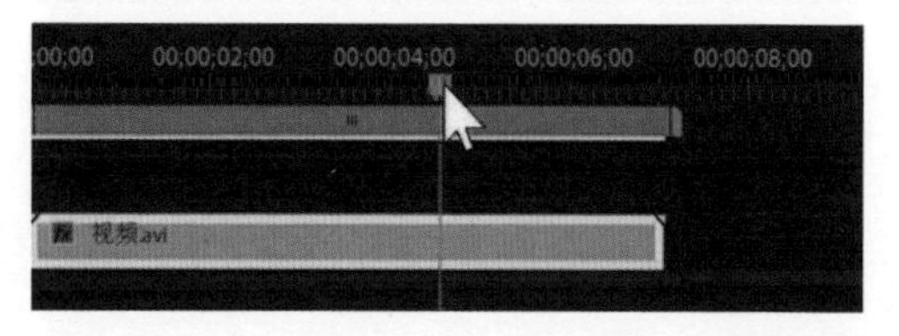

图2-1-12

图2-1-13

图2-1-14

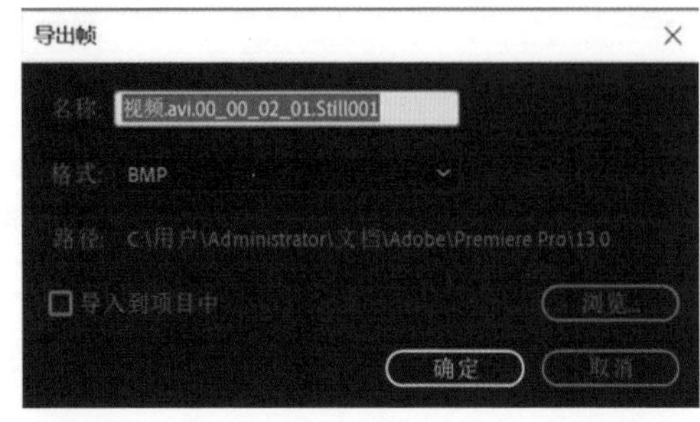

图2-1-15

2.2

【节目】面板

上一节介绍了【源】面板，本节将介绍【节目】面板的功能与使用方法。

导入视频素材后，分别将文件拖至【源】面板和【节目】面板，如图2-2-1所示。

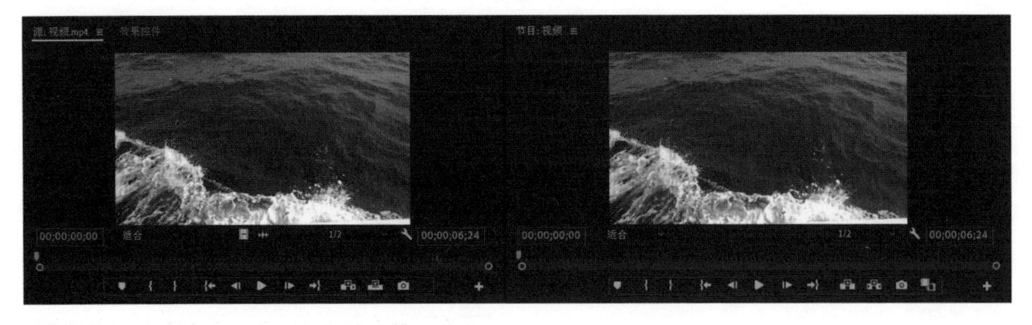

图2-2-1

可以发现，此时【节目】面板和【源】面板几乎一模一样，但是实际上两者之间是有一些重要的区别的。

● Premiere Pro主要用于对素材进行处理。【源】面板中显示的是原始素材，【节目】面板中显示的是处理后的素材。

● 添加剪辑到序列时，【源】面板提供了【插入】和【覆盖】工具。与之对应的，【节目】面板提供了【提取】和【提升】工具。

● 应用效果后，可以在【节目】面板中直接看到效果应用结果。但是主剪辑的效果在【源】面板和【节目】面板中都能查看。

● 【节目】面板中的播放素材和【时间轴】面板中的当前序列是一致的，同步进行调整显示。可以通过【节目】面板或【时间轴】面板来更改当前显示的帧。

● 【节目】面板底部工具栏最右侧的是【比较视图】按钮，如图2-2-2所示。单击【比较视图】按钮帮助我们对比编辑前后静态或动态的画面。

图2-2-2

2.3 【时间轴】面板

【时间轴】面板（见图2-3-1）是使用Premiere Pro进行素材剪辑时用得最多的一个面板。前文提过，序列被用来存储视频、音频和图片。我们可以在【时间轴】面板构建序列，安排剪辑，进行简单的音频调整以及更改编辑时间。

图2-3-1

向【项目】面板中导入素材文件并将其拖至【时间轴】面板中，如图2-3-2所示。除此之外，2.1节介绍了可以通过【源】面板上的【仅拖动视频】和【仅拖动音频】按钮将素材导入【时间轴】面板。

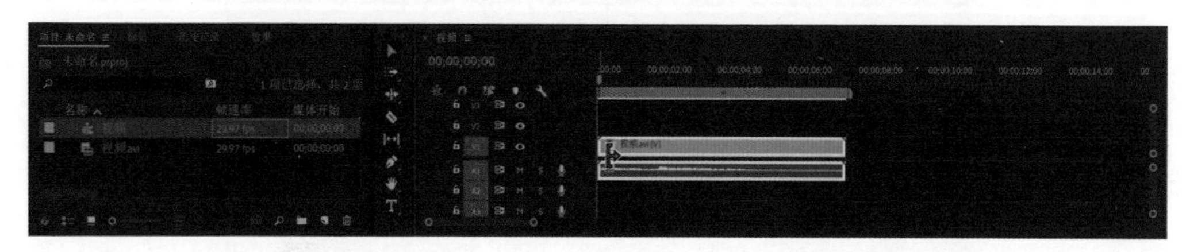

图2-3-2

当播放滑块移动到任意一个位置时，如图2-3-3所示，【时间轴】面板左上角的时间码显示目前播放滑块停留位置所对应的时间，如图2-3-4所示。

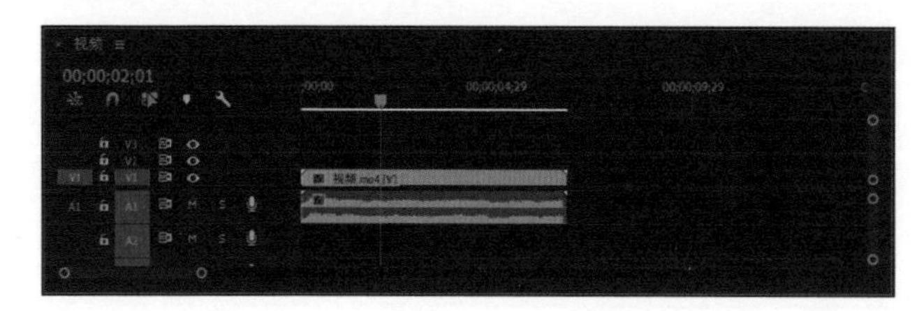

图2-3-3

图2-3-4

【时间轴】面板底部滑块用于调节上方时间刻度，如图2-3-5所示。

图2-3-5

右击底部滑块右边的圆圈并将其向右拖动，可以发现图2-3-6和图2-3-7所示的转变。

【时间轴】面板右侧滑块用于调节轨道宽度，如图2-3-8所示。上方滑块用于调节视频轨道宽度，下方滑块用于调节音频轨道宽度。

图2-3-6

图2-3-7

图2-3-8

一般情况下，【时间轴】面板上具有3个视频轨道。1.2节介绍了创建序列的方法，当我们想要添加视频轨道时，在【新建序列】对话框中，单击【轨道】选项卡，在【视频】板块可以对视频轨道数进行设置，如图2-3-9所示。设置完成后，单击【确定】按钮关闭该对话框。

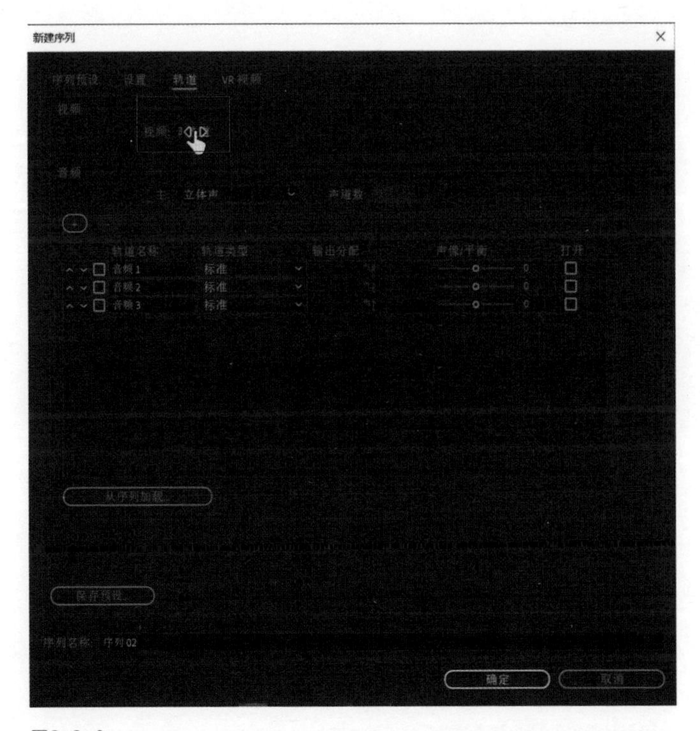

图2-3-9

【时间轴】面板左上方有几个按钮，如图2-3-10所示，从左至右分别对应【序列嵌套开关】、【对齐】、【链接选择项】、【添加标记】、【设置】5个功能。

图2-3-10

创建一个新的序列，如图2-3-11所示。此时序列03中有视频文件，而序列04为空白。

图2-3-11

单击【序列嵌套开关】按钮，启用该功能，如图2-3-12所示。此时我们可以直接从【项目】面板中选择序列03，将其拖入序列04中，如图2-3-13所示。

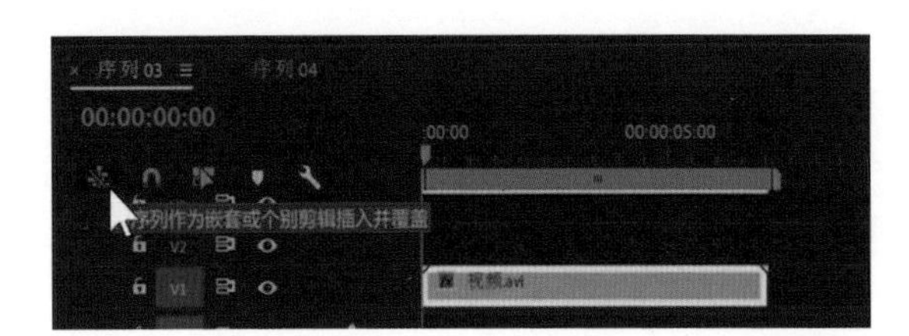

图2-3-12

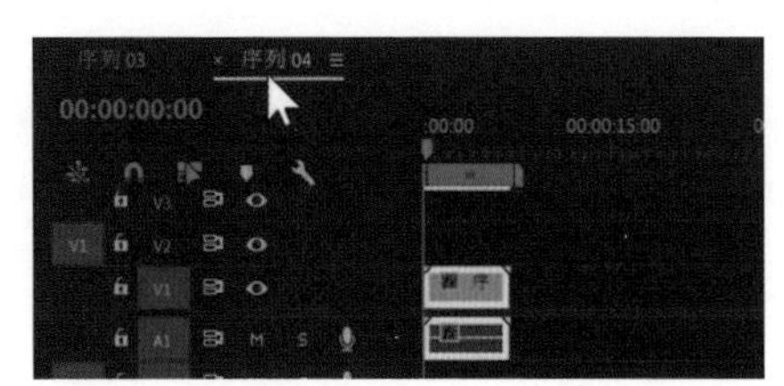

图2-3-13

单击【对齐】按钮，使其显示为蓝色。当我们需要把两段独立的素材拼接在一起时，拖动其中一段向另一段靠近，如图2-3-14所示，当蓝色矩形上方出现两个白色尖角（见图2-3-15）时，表示素材已自动对齐，两段素材无缝衔接。

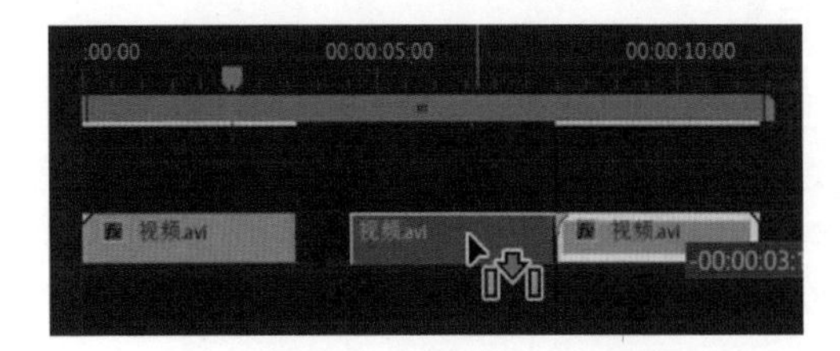

图2-3-14

图2-3-15

单击【链接选择项】按钮，使其显示为蓝色。当向【时间轴】面板导入一段素材时，此时不论拖动的是视频文件还是音频文件，二者都会一起移动，如图2-3-16所示，保持音画同步。

再次单击【链接选择项】按钮，使其显示为灰白色。当向【时间轴】面板导入一段素材时，拖动视频文件，音频文件不移动，如图2-3-17所示。

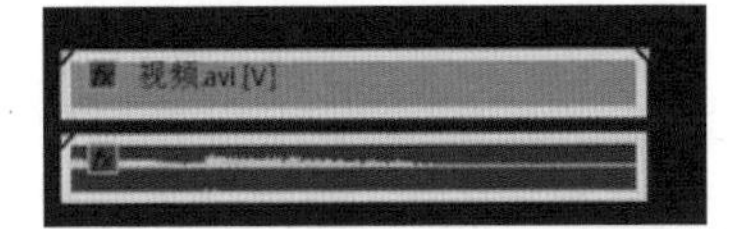

图2-3-16

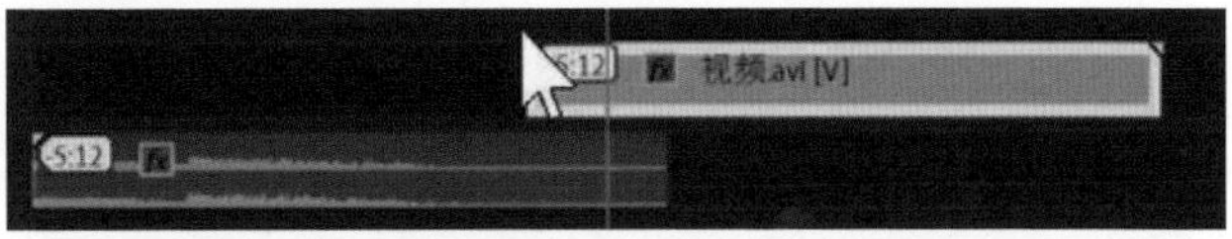

图2-3-17

【时间轴】面板上的【添加标记】按钮与【源】面板上的【添加标记】按钮的使用方法相同，区别在于标记出现在【时间轴】面板上，如图2-3-18所示。

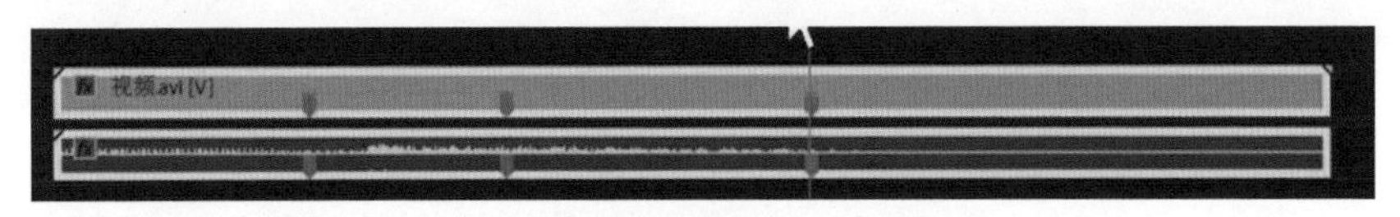

图2-3-18

2.4 轨道源和嵌套工具的使用

打开素材并新建一个序列，如图2-4-1所示。

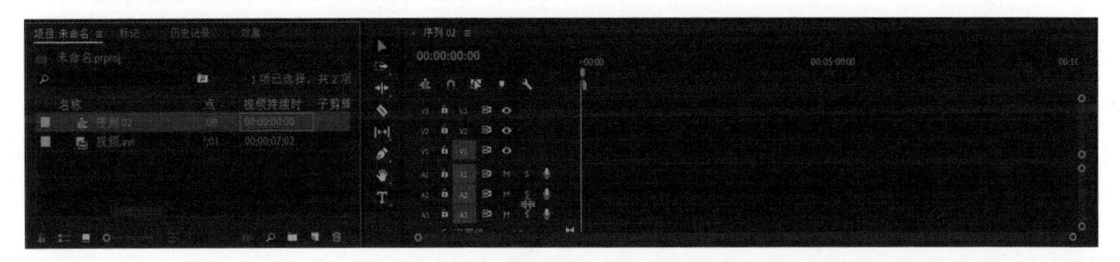

图2-4-1

图2-4-2所示左边的红框中有两个按钮，右边的红框中有6个按钮。二者分别是轨道源的总开关和分开关。单击按钮，当按钮显示为蓝色常亮时表示相应轨道源工具处于开启模式。

图2-4-2

V1及A1按钮此时显示为蓝色常亮，表示处于开启状态。单击【项目】面板中的视频素材并将其拖至【时间轴】面板中，如图2-4-3所示。

图2-4-3

轨道源工具分开关的使用方法和总开关相同，当按钮显示为蓝色常亮时，表示处于开启状态，此时按钮对应的轨道可以使用，如图2-4-4和图2-4-5所示。

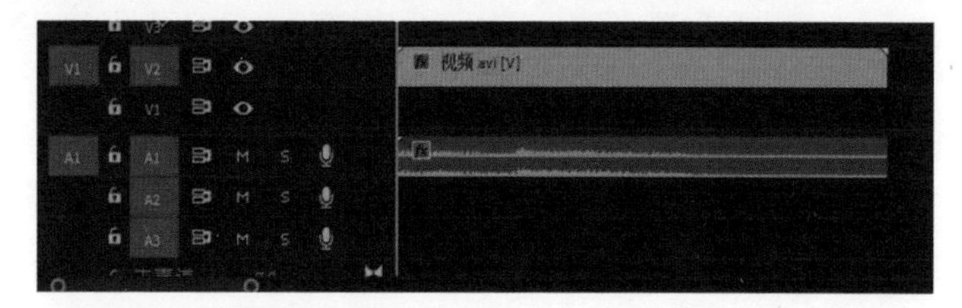

图2-4-4

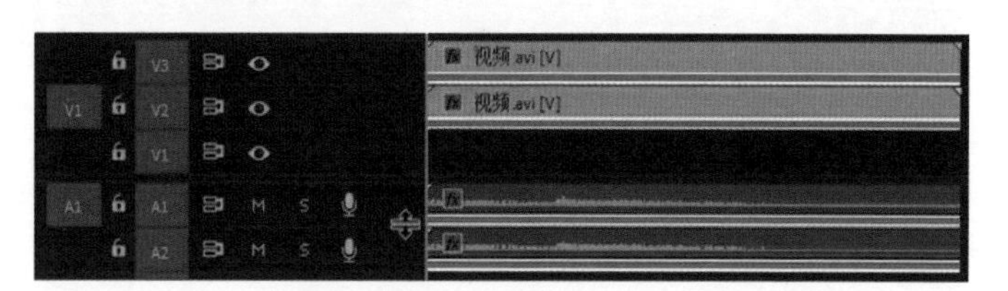

图2-4-5

右击总开关，弹出图2-4-6所示的菜单。

● 切换所有源：切换所有轨道源工具的开启或关闭状态。

● 将所有源设置为间隙：将所有轨道源工具设置为【间隙】模式。（【间隙】工具的使用见下文。

● 向上/向下移动所有源：控制轨道源工具上下移动。

选择【间隙】选项，此时轨道源工具总开关V1蓝色方块外出现黑色框线，如图2-4-7所示。

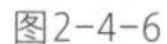

图2-4-6

图2-4-7

当我们使用【源】面板中的【插入】工具，向【时间轴】面板插入一段素材时，素材的画面不会插入轨道中，如图2-4-8所示。

接下来介绍嵌套工具。单击【序列嵌套开关】按钮使其显示为蓝色常亮，如图2-4-9所示。

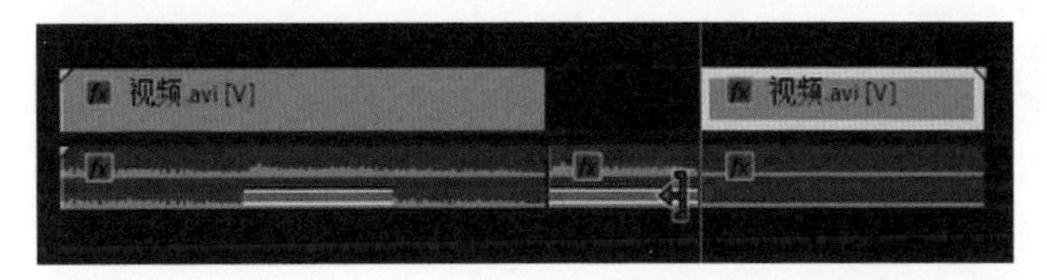

图2-4-8

图2-4-9

当【时间轴】面板中存在多个素材时，如图2-4-10所示，选中需要的素材，如图2-4-11所示。

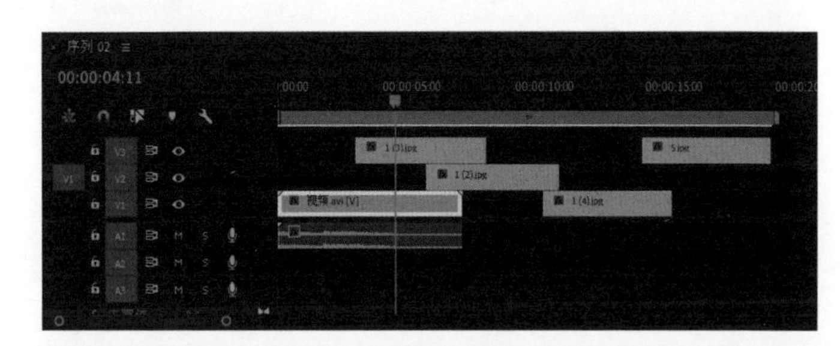

图2-4-10

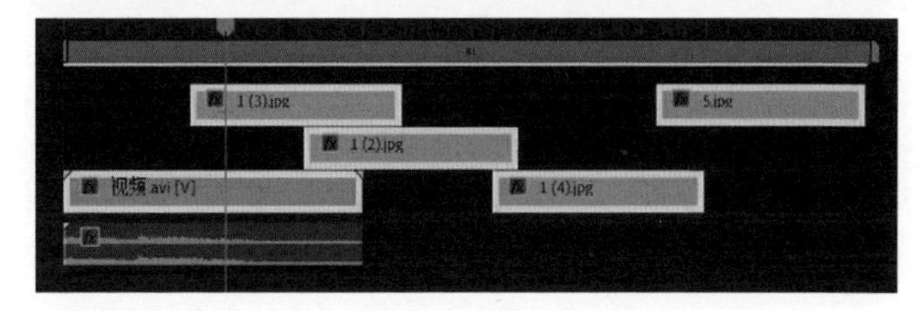

图2-4-11

单击鼠标右键，从弹出的快捷菜单中选择【嵌套】选项，如图2-4-12所示，此时之前选中的所有素材进入一个轨道中，如图2-4-13所示。

图2-4-12

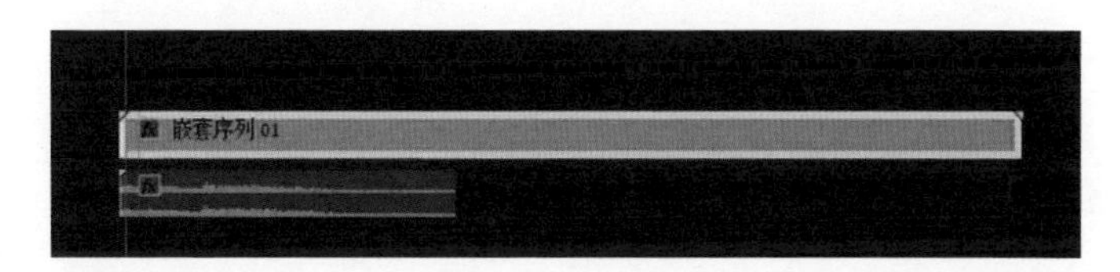

图2-4-13

需要注意的是，在对嵌套序列整体进行编辑时，嵌套序列中的素材内容不会发生改变。切割嵌套序列并删除其中的几部分，如图2-4-14、图2-4-15所示，被删除的部分在【节目】面板中无法播放。

图2-4-14

图2-4-15

双击嵌套序列，嵌套序列中的素材内容仍是完整的，如图2-4-16所示。

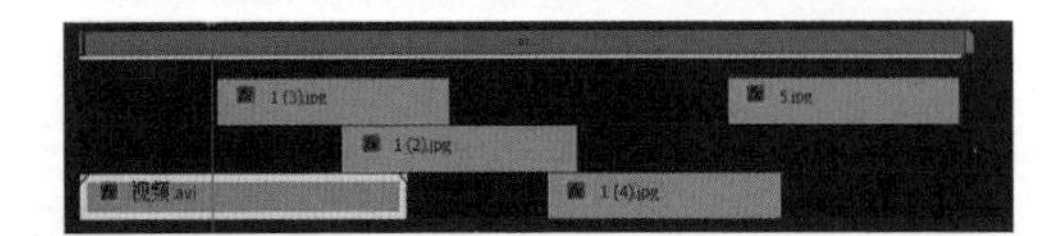

图2-4-16

2.5 轨道的操作

除轨道源工具外，【时间轴】面板上还有图2-5-1所示的工具。

图2-5-1

● 切换轨道锁定：单击开启或关闭轨道锁定状态。开启锁定状态后只可预览查看，不能进行任何编辑。

● 切换同步锁定：单击开启或关闭轨道同步锁定状态。开启同步锁定状态后，轨道上的剪辑会与你进行波纹编辑或在轨道上插入的剪辑保持同步。

● 切换轨道输出：单击开启或关闭轨道输出状态。关闭轨道输出状态后，轨道上的素材在【节目】面板中不显示。

打开素材并新建一个序列，如图2-5-2所示。

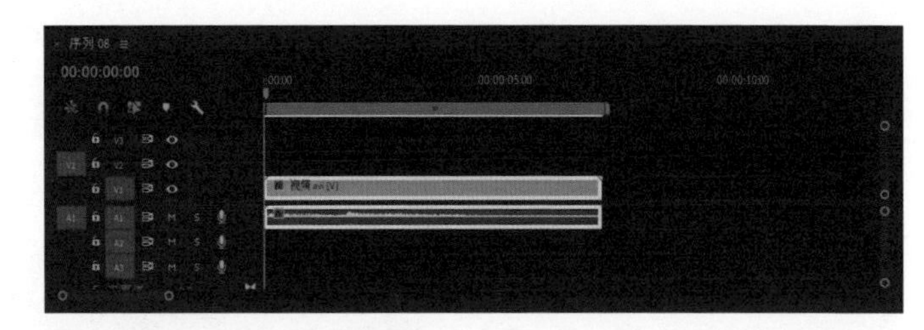

图2-5-2

单击【切换轨道锁定】按钮，轨道上的素材出现图2-5-3所示的虚线，此时表示已开启轨道锁定状态，该轨道无法进行任何编辑。

图2-5-3

在【时间轴】面板中导入多段素材，如图2-5-4所示。

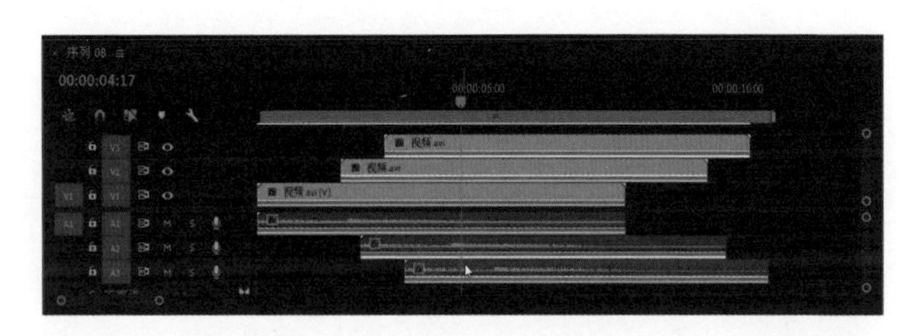

图2-5-4

当我们想插入一段素材时，轨道上的所有素材在插入新的素材后同步后移，如图2-5-5、图2-5-6所示。

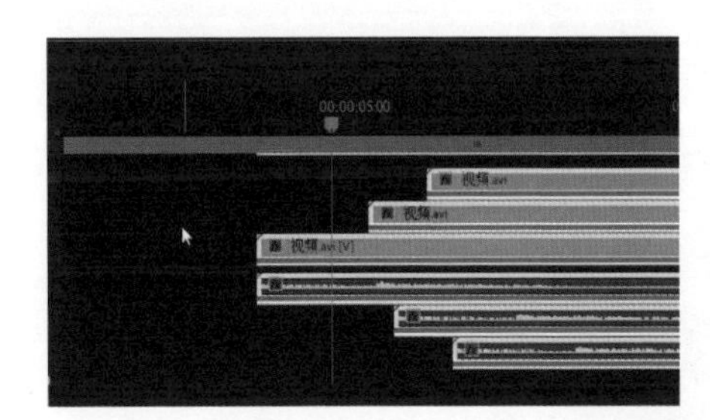

图2-5-5

图2-5-6

单击【切换同步锁定】按钮，关闭轨道同步锁定状态。插入新的素材时，关闭轨道同步锁定状态的轨道上的素材不会发生后移，如图2-5-7所示。

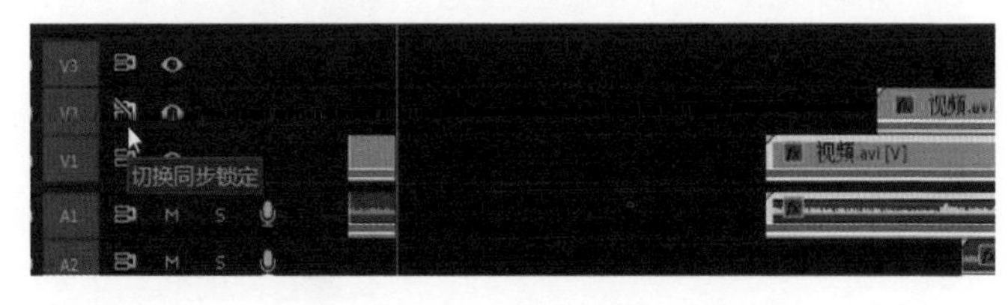

图2-5-7

单击【切换轨道输出】按钮，如图2-5-8所示，关闭轨道输出状态。轨道上的素材在【节目】面板中不显示，如图2-5-9所示。

图2-5-8

图2-5-9

2.6 轨道工具标识

打开素材并新建一个序列，本节将介绍【时间轴】面板上【时间显示设置】选项（见图2-6-1）的使用方法。

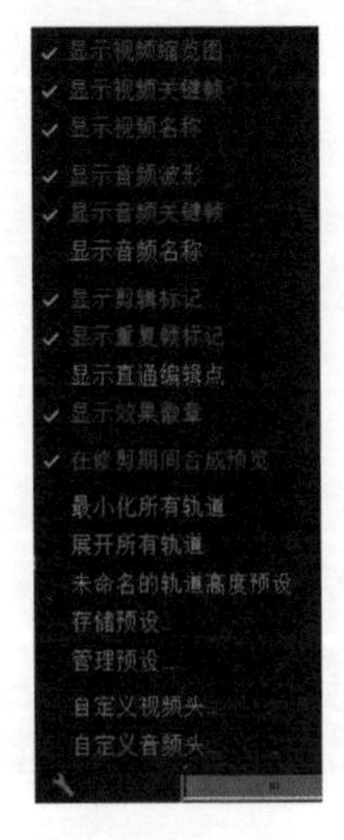

图2-6-1

- 显示视频缩览图：在轨道上可以直接查看视频素材缩览图，如图2-6-2所示。
- 显示视频关键帧：在轨道上可以直接设置视频素材动画关键帧，如图2-6-3所示。
- 显示视频名称：在轨道上可以直接显示视频素材的名称，如图2-6-4所示。
- 显示音频波形：在轨道上可以直接显示音频素材的波形，如图2-6-5所示。
- 显示音频关键帧：在轨道上可以直接设置音频素材的关键帧，如图2-6-6所示。
- 显示音频名称：在轨道上可以直接显示音频素材的名称，如图2-6-7所示。
- 显示剪辑标记：在轨道上可以直接显示素材剪辑标记，如图2-6-8所示。
- 显示重复帧标记：在轨道上可以直接查看素材重复帧，如图2-6-9所示。
- 显示效果徽章：在轨道上可以单击效果徽章为素材添加特效，如图2-6-10所示。
- 在修剪期间合成预览：在轨道上可以在素材被编辑的过程中实时查看预览。
- 最小化所有轨道：将所有轨道最小化。
- 展开所有轨道：将所有轨道最大化。

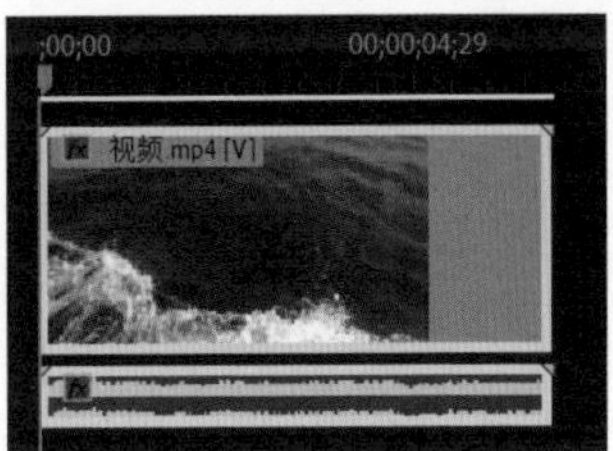

图2-6-2

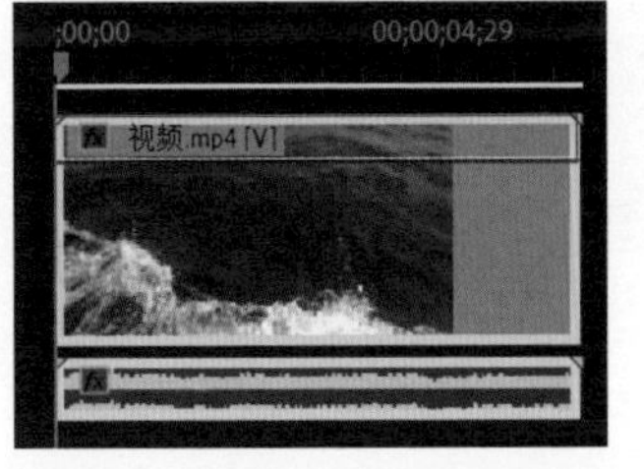

图2-6-3

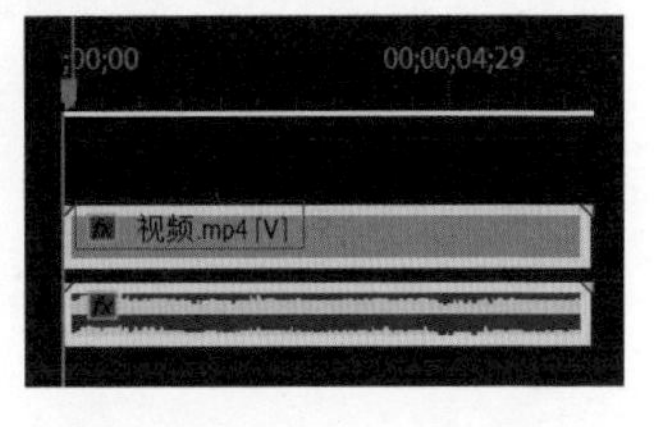

图2-6-4

图2-6-5

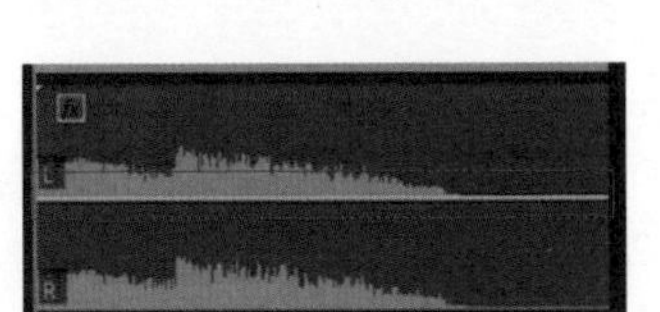

图2-6-6

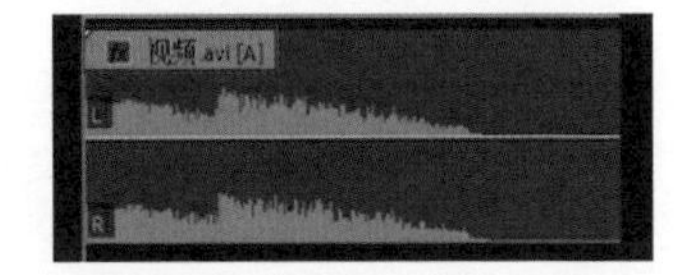

图2-6-7

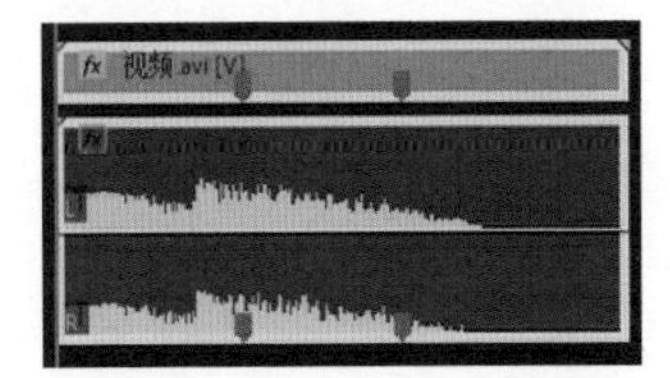

图2-6-8

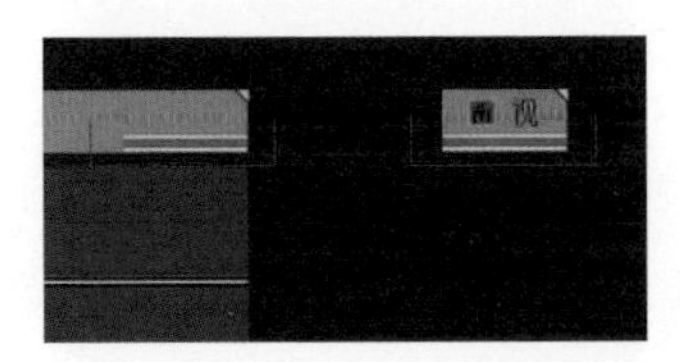

图2-6-9

图2-6-10

2.7

在【时间轴】面板中编辑素材

打开素材并新建一个序列，如图2-7-1所示。

单击【时间轴】面板中图2-7-2所示的红线框出位置，弹出菜单。

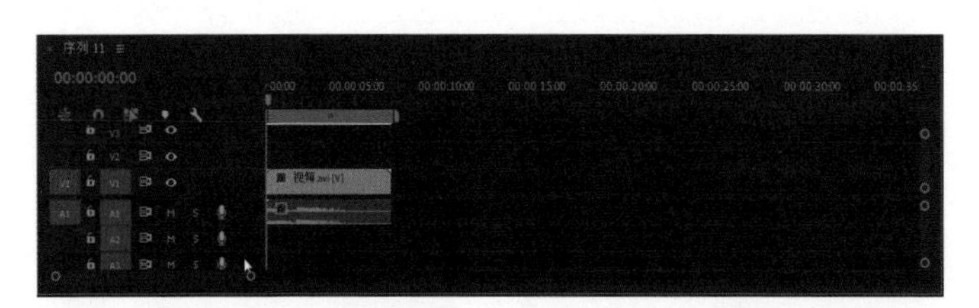

图2-7-1

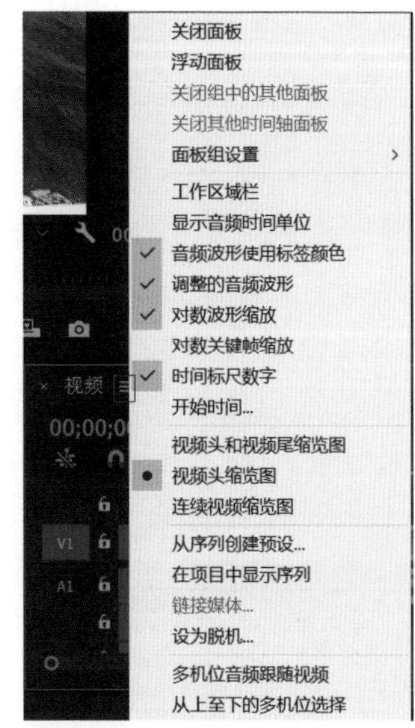

图2-7-2

- 工作区域栏：显示工作区域，如图2-7-3所示。工作区域的范围应与导出视频长度相匹配。
- 显示音频时间单位：显示音频时间单位，如图2-7-4所示。此时视频时间单位精确到小数点后5位。
- 音频波形使用标签颜色：切换音频波形使用标签的颜色，如图2-7-5所示。
- 调整的音频波形：切换音频波形类型，如图2-7-6所示。
- 对数波形缩放：对音频的波形进行处理，便于查看，如图2-7-7所示。
- 对数关键帧缩放：对关键帧进行处理，便于查看。
- 时间标尺数字：显示时间标尺数字，如图2-7-8所示。
- 视频头和视频尾缩览图：在视频轨道上显示视频第一帧和视频最后一帧缩览图，如图2-7-9所示。
- 视频头缩览图：在视频轨道上仅显示视频第一帧缩览图。
- 连续视频缩览图：在视频轨道上显示视频等间隔时间的画面帧缩览图。

图2-7-3

图2-7-4

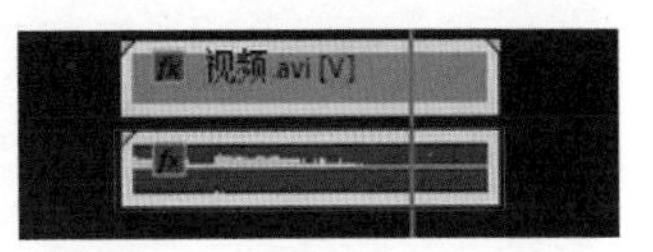

图2-7-5

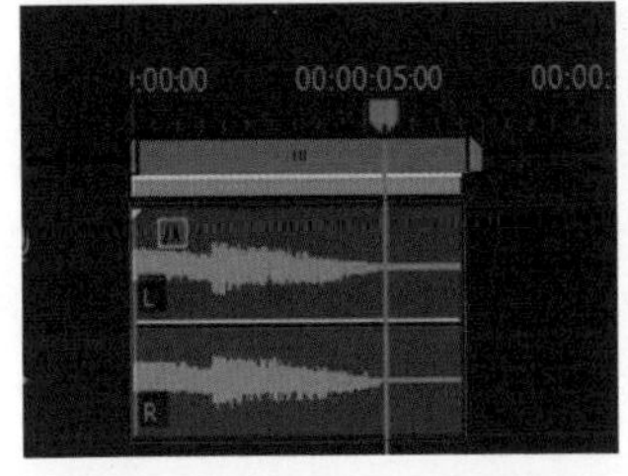

图2-7-6

图2-7-8

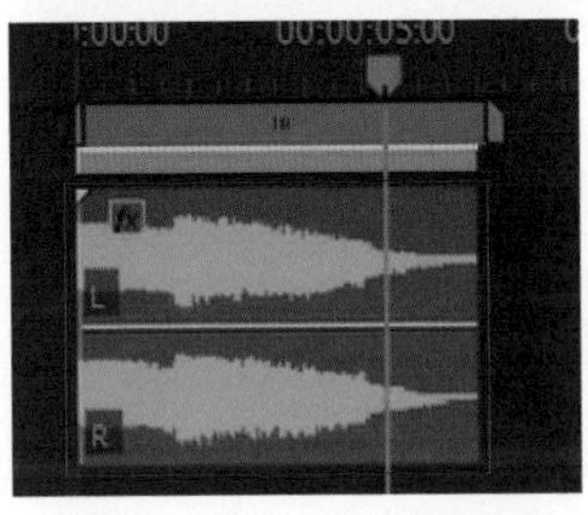

图2-7-7

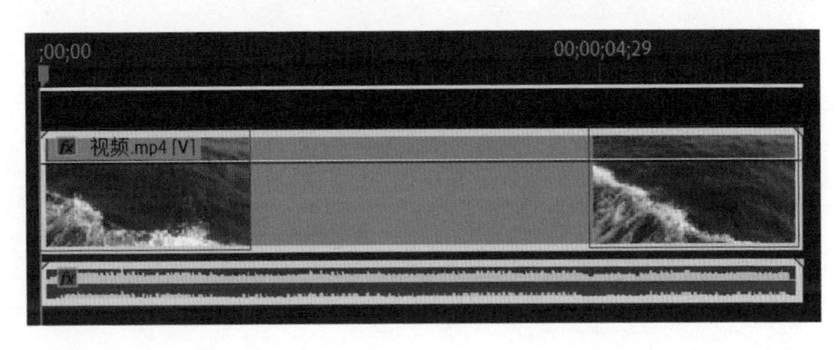

图2-7-9

选择【设为脱机】选项，如图2-7-10所示，Premiere Pro界面如图2-7-11所示。此时导入的某个剪辑被移出、重命名或删除，该剪辑就会成为脱机剪辑。

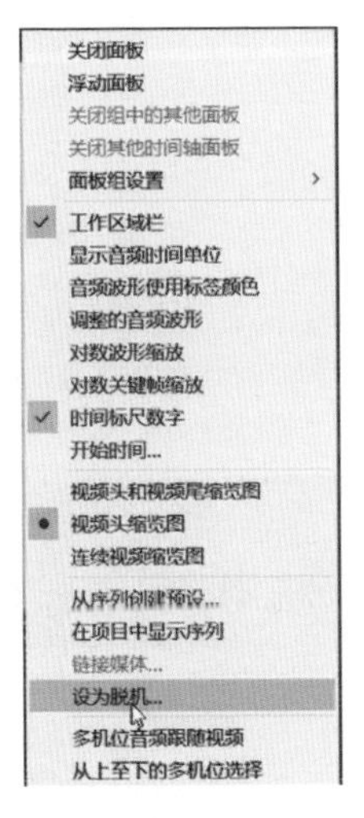

图2-7-10

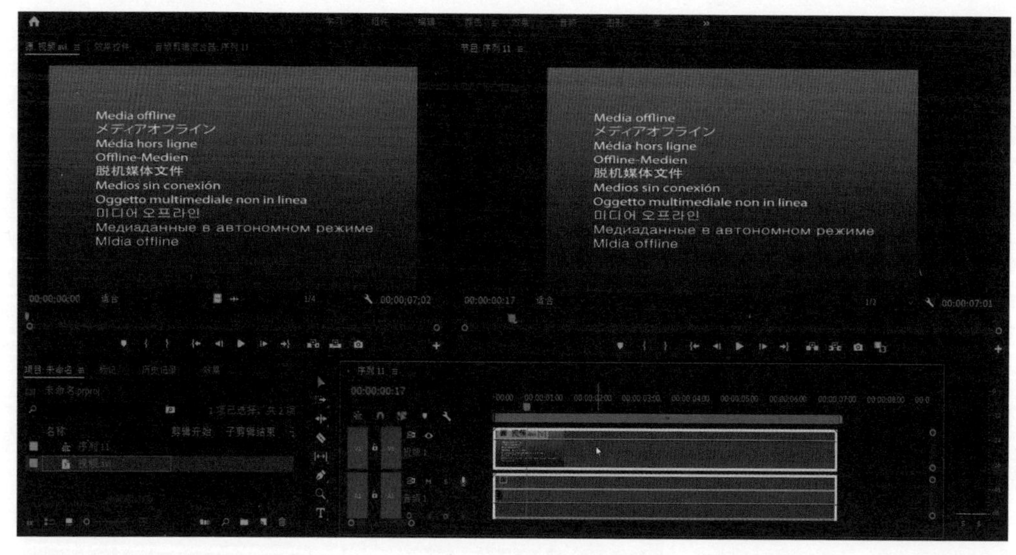

图2-7-11

当所编辑的素材众多，文件庞大时，将剪辑内容从一台计算机导入另一台计算机的过程十分漫长。选择【设为脱机】可以仅保留特效剪辑等编辑操作，此时将脱机剪辑导入另一台计算机可以节省大量时间，导入另一台计算机后逐步添加源素材即可。

2.8

标记点

打开素材并新建一个序列。在【源】面板中使用【标记入点】和【标记出点】工具截取一个片段，如图2-8-1所示。

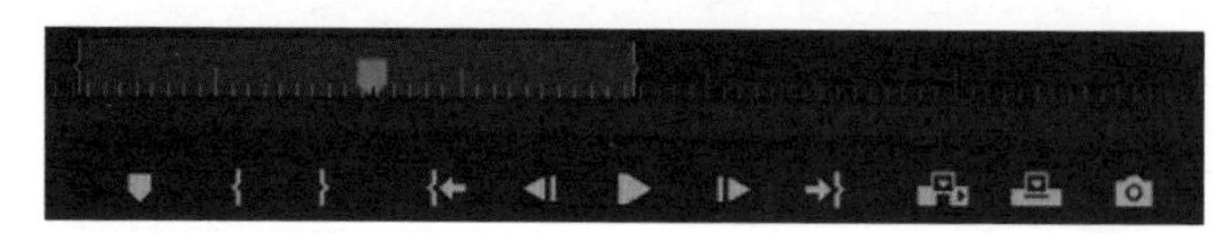
图2-8-1

当我们想设置不同时间长度的视频与音频时，将鼠标指针移动至截取的素材上并单击鼠标右键，出现图2-8-2所示的快捷菜单。

图2-8-2

选择【标记拆分】，出现图2-8-3所示的子菜单，此时可以根据需求对视频素材及音频素材进行截取。

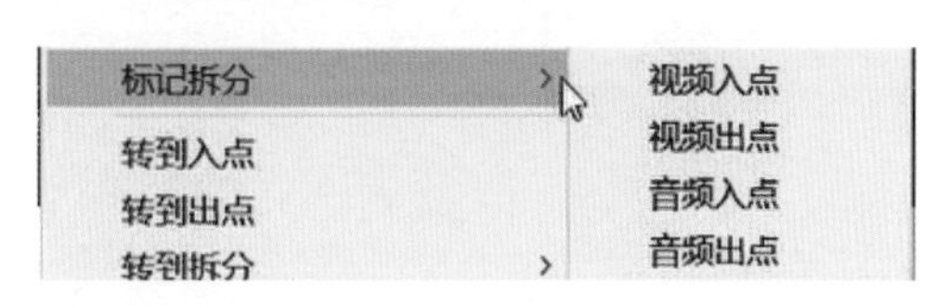

图2-8-3

需要注意的是，【源】面板中的出点和入点与【时间轴】面板、【节目】面板中的出点和入点并不相关。

有时，【时间轴】面板中入点与出点的间隔时间可能小于【源】面板中入点与出点的间隔时间，如图2-8-4、图2-8-5所示。

图2-8-4

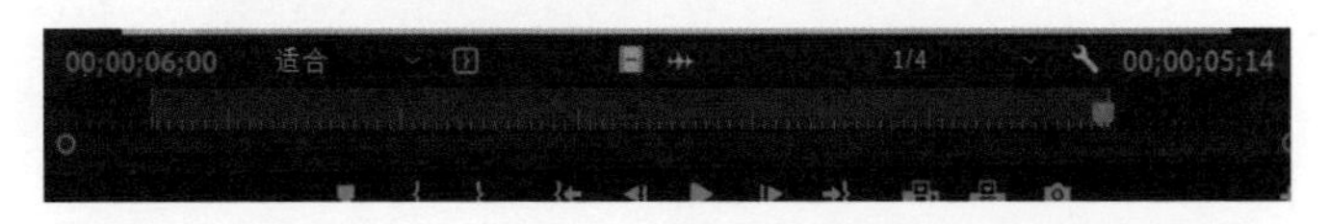

图2-8-5

把【源】面板中的素材插入【时间轴】面板中时，弹出图2-8-6所示的对话框。

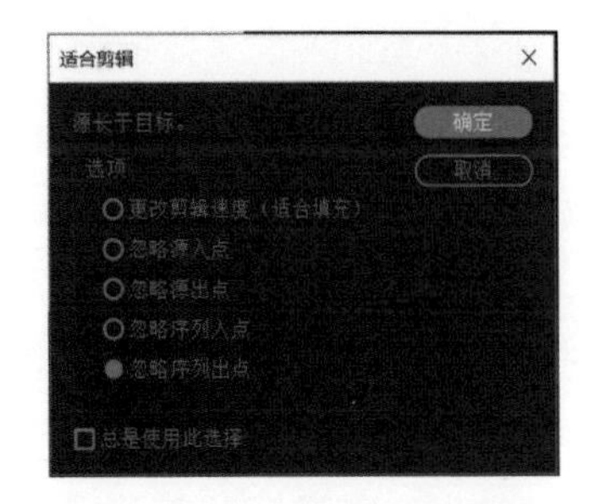

图2-8-6

单击【更改剪辑速度（适合填充）】单选按钮，再单击【确定】按钮。【源】面板中的素材以2.5231倍速插入【时间轴】面板中，如图2-8-7所示。

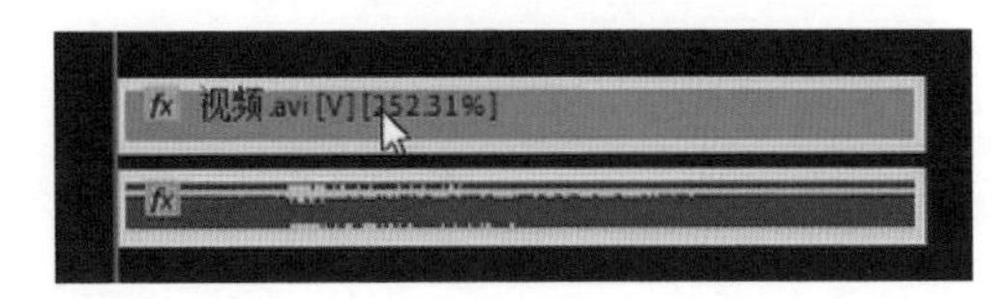

图2-8-7

单击【忽略源入点】单选按钮、【忽略源出点】单选按钮、【忽略序列入点】单选按钮、【忽略序列出点】单选按钮，素材均以正常速度播放。

单击【忽略源入点】单选按钮，素材入点被忽略，素材出点对应序列出点；单击【忽略源出点】单选按钮，素材出点被忽略，素材入点对应序列入点；单击【忽略序列入点】单选按钮，序列入点被忽略，序列出点对应素材出点；单击【忽略序列出点】单选按钮，序列出点被忽略，序列入点对应素材入点。

【添加标记】功能可以用于对某一帧画面进行标记，如图2-8-8所示。

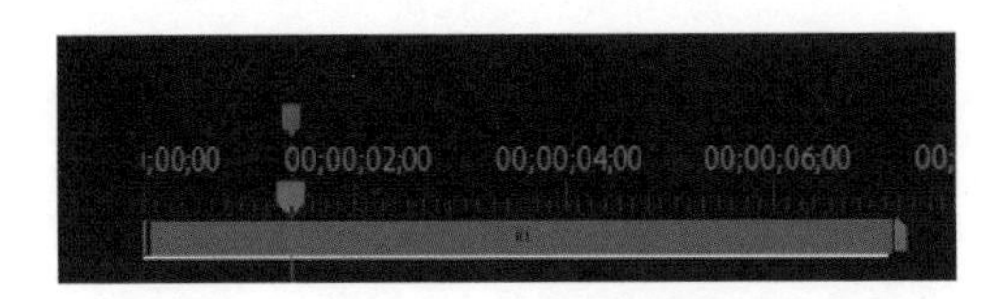

图2-8-8

除此之外，【标记】功能可以对某一段视频进行标记。

默认情况下，【标记】面板位于【项目】面板所在的面板组中，如图2-8-9所示。

图2-8-9

右击【时间轴】面板上的标记点，出现图2-8-10所示的对话框。

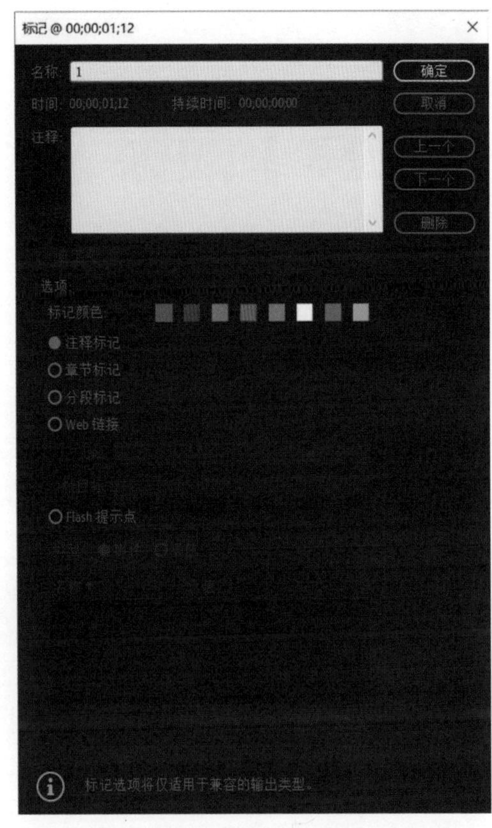

图2-8-10

在该对话框中，可以对标记的名称、持续时间、颜色等进行设置。单击【确定】按钮后，【标记】面板中会显示该标记，如图2-8-11所示。

当把鼠标指针移动至出点位置时，将出点向后拖动，可以改变标记持续的时间，如图2-8-12所示。

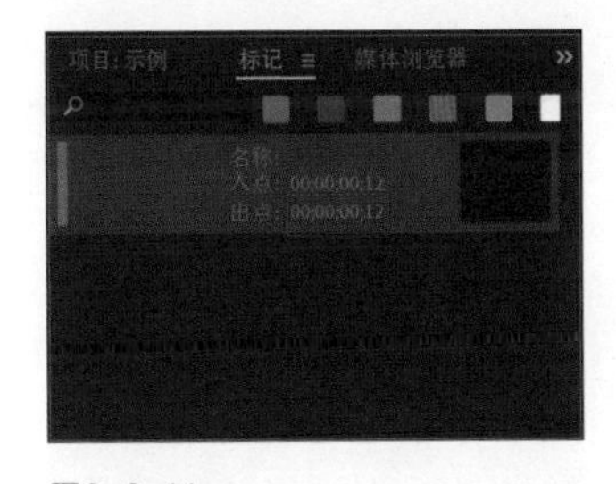

图2-8-11

图2-8-12

2.9

【工具】面板

1.1节提到了【工具】面板由8个按钮组成，如图2-9-1所示，包含视频剪辑中常用的工具。本节将对它们的功能及用法进行介绍。

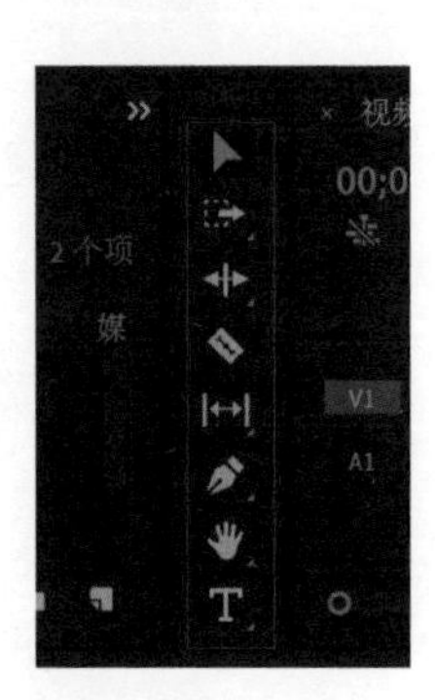

图2-9-1

选择【选择工具】，此时可以选择素材，如图2-9-2所示，将素材在不同的轨道中移动并调整素材上的关键帧。

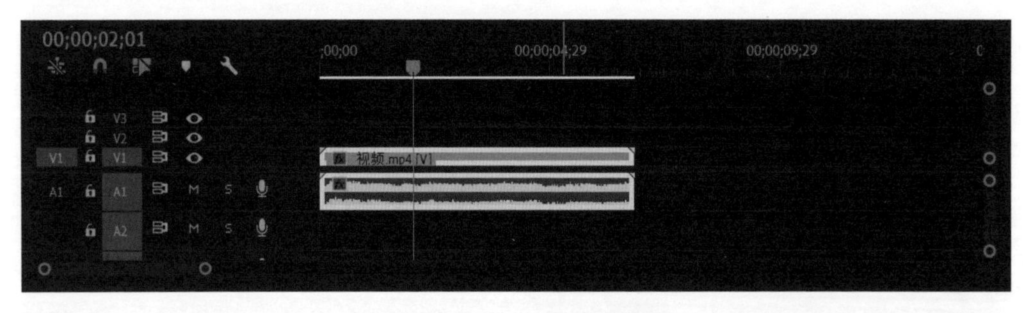

图2-9-2

选择【向前选择轨道工具】，此时可以选择位于当前轨道位置后面的素材，如图2-9-3所示。

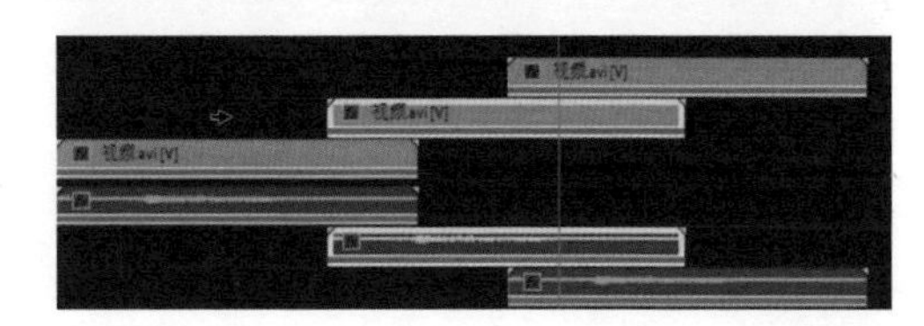

图2-9-3

按住【Shift】键后，鼠标指针变为双箭头形状，此时可以选择位于当前位置后面的所有轨道中的素材，如图2-9-4所示。

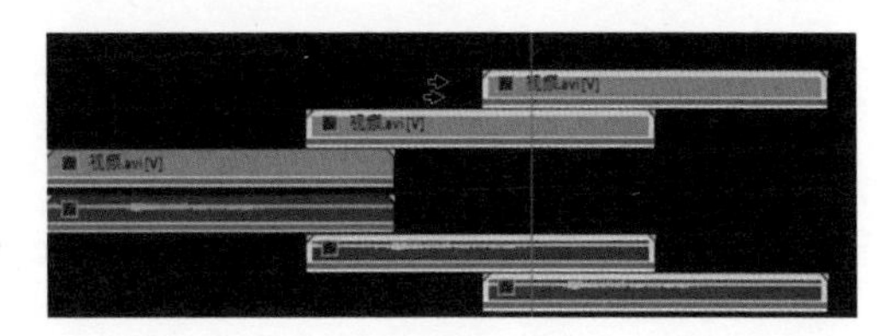
图2-9-4

【波纹编辑工具】组包含3个工具选项，如图2-9-5所示。

选择【波纹编辑工具】，此时可以拖动素材的入点或出点，改变素材的持续时间，如图2-9-6所示。被操作的素材与相邻素材的间隔时间不改变。

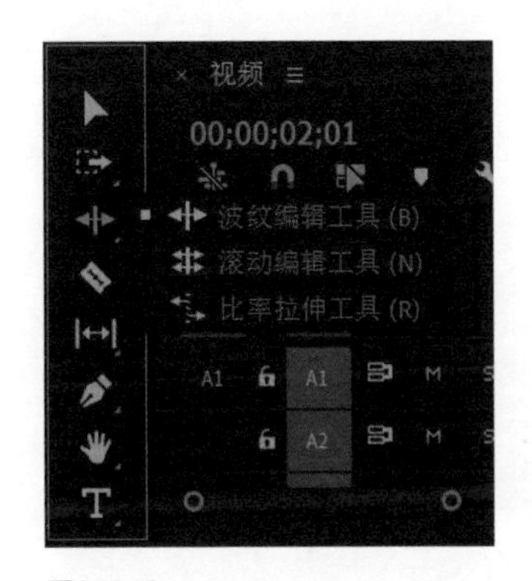

图2-9-5

图2-9-6

选择【滚动编辑工具】，此时可以调整素材的持续时间，但整个剪辑的持续时间不发生改变，如图2-9-7所示。当一个素材的时间长度变长或变短时，其相邻素材的时间长度会相应地变短或变长，如图2-9-8所示。

图2-9-7

图2-9-8

选择【比率拉伸工具】，此时可以改变素材的持续时间，同时素材的运动速度会发生相应的改变，如图2-9-9所示。

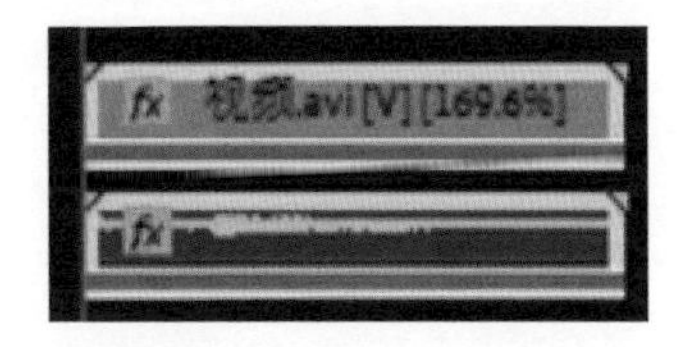

图2-9-9

选择【剃刀工具】，此时可以在当前位置对素材进行切割，如图2-9-10所示。按住【Shift】键可将【剃刀工具】转换为【多重剃刀工具】，此时可以将多个轨道上的素材在当前位置进行切割。

图2-9-10

【滑动工具】组包括两个工具选项，如图2-9-11所示。

选择【外滑工具】，此时可以改变一段素材的入点与出点，并保持其长度不变，且不会影响相邻的素材，如图2-9-12所示。

选择【内滑工具】，此时拖动一段素材，不改变素材的入点、出点及持续时间，但其相邻素材的长度会改变，如图2-9-13所示。

图2-9-11

图2-9-12

图2-9-13

选择【钢笔工具】，此时可以框选、调节素材上的关键帧，如图2-9-14所示，按住【Shift】键可同时选择多个关键帧，按住【Ctrl】键单击鼠标可添加关键帧。

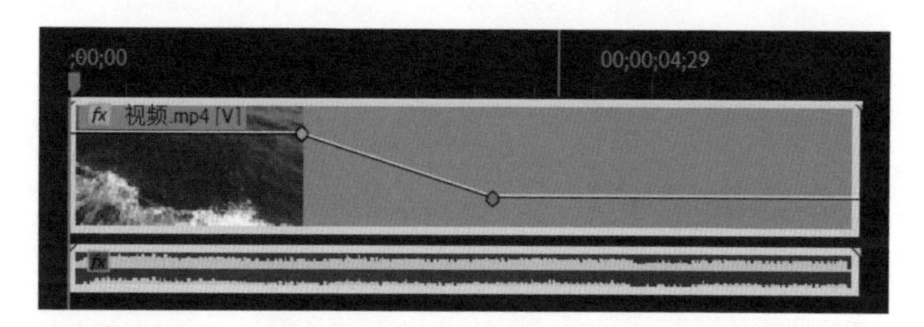

图2-9-14

选择【矩形工具】，此时可以在【节目】面板中绘制矩形，如图2-9-15所示。

图2-9-15

选择【椭圆工具】，此时可以在【节目】面板中绘制椭圆形，如图2-9-16所示。

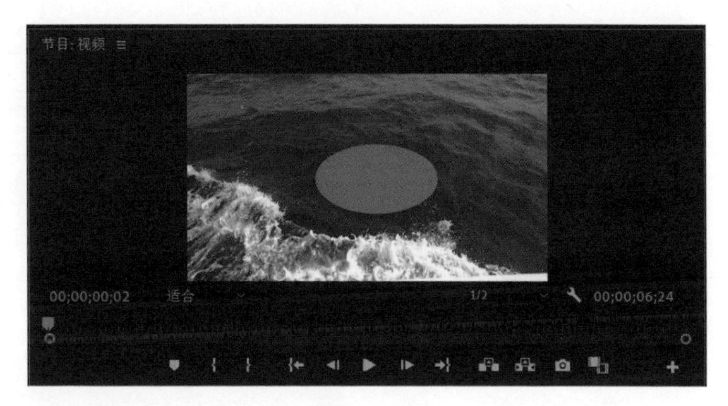

图2-9-16

【手形工具】组包括两个工具选项，如图2-9-17所示。

选择【手形工具】，此时可以通过手形鼠标指针拖动轨道从而对素材进行查看，如图2-9-18所示。

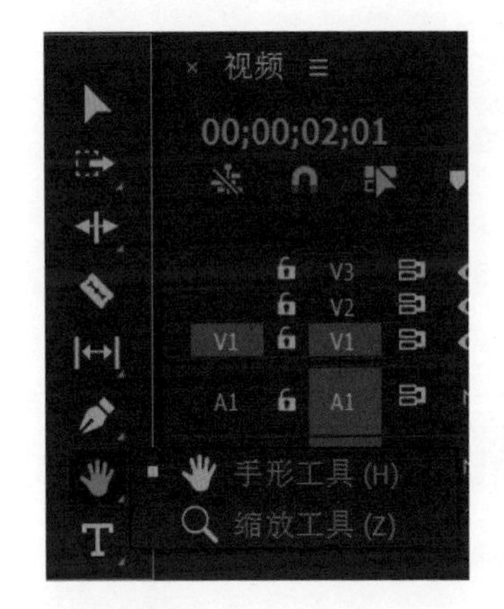

图2-9-17

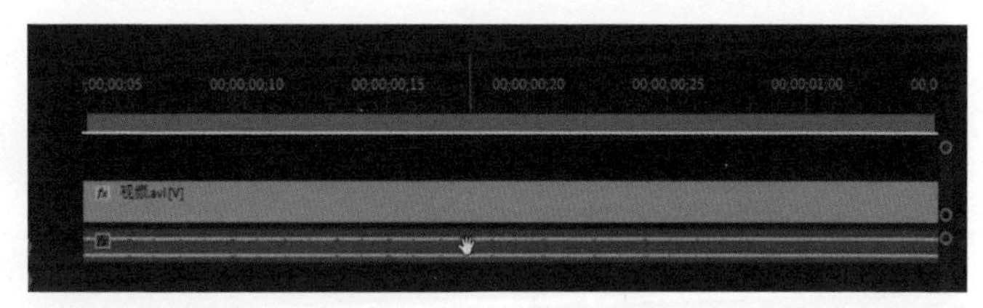

图2-9-18

选择【缩放工具】，此时可以将轨道上的素材放大显示，如图2-9-19所示。按住【Alt】键，滚动鼠标滚轮，可以缩小【序列】面板中轨道的大小，如图2-9-20所示。

图2-9-19

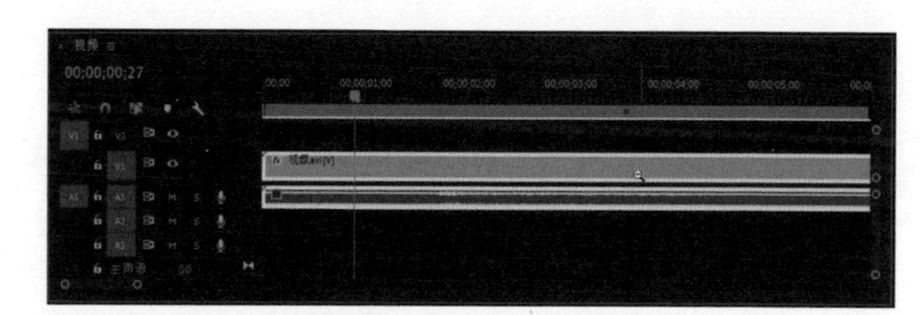

图2-9-20

【文字工具】组包括两个工具选项，如图2-9-21所示。

选择【文字工具】，此时可以在【节目】面板中输入文字，字幕呈水平显示，如图2-9-22所示。

选择【垂直文字工具】，此时可以在【节目】面板中输入文字，字幕呈垂直显示，如图2-9-23所示。

图2-9-22

图2-9-21

图2-9-23

第3章

◆◆◆◆◆

使用Premiere Pro制作动画

日常生活中，我们常常接触到动画。无论是电视上播放的节目还是电影，我们看到的变化的画面，其实都利用了动画的原理。本章将帮助读者理解动画的含义，并讲解 Premiere Pro 中动画的制作方法。使用 Premiere Pro 中的多个工具对视频、音频参数进行调整，从而制作出最终动画效果。

3.1

动画的概念及运动属性

动画是一段时间内，通过连续播放一系列差异极小的静态图像形成动态效果的运动视觉技术。根据人类生理上的“视觉暂留”及心理上的“感官经验”，这些以一定速率放映的画面虽然是静态的，但是可以产生动态的效果。

向【时间轴】面板导入一段素材，如图3-1-1所示。

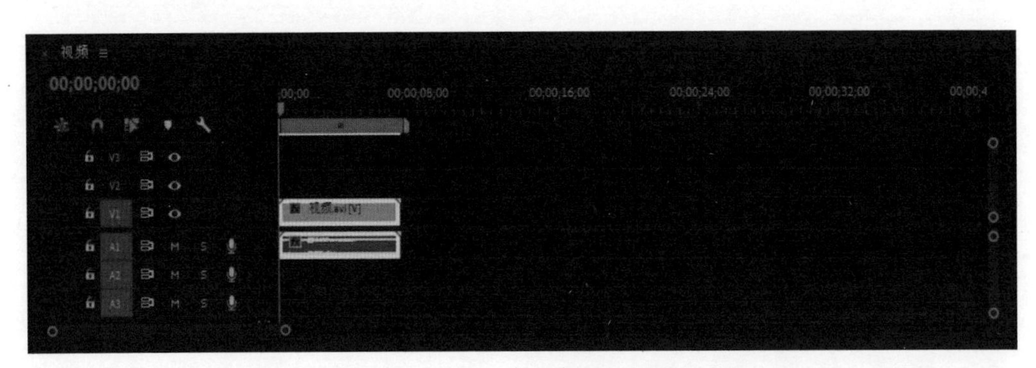

图3-1-1

进入【效果控件】面板，在此面板可以对素材进行参数设置，如图3-1-2所示。

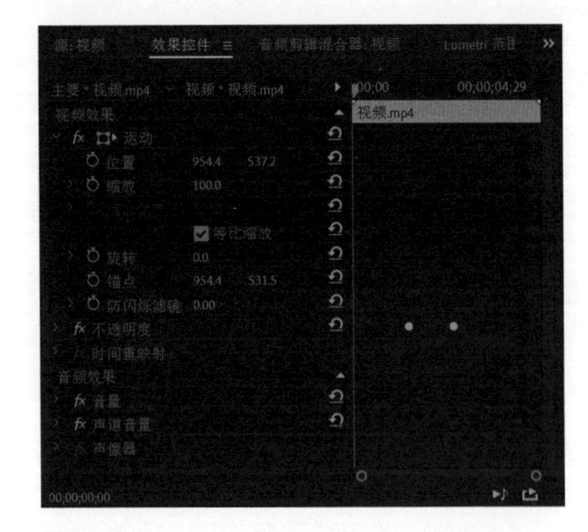

图3-1-2

● 位置：沿着x轴（水平方向）和y轴（垂直方向）放置剪辑。以图像左上角的锚点位置为基准计算得到位置坐标。因此，对于本剪辑来说，其默认位置为（960,540）即图像的中心点。

● 缩放：在默认情况下，剪辑的缩放值为100%。剪辑的缩放值小于100%时，剪辑会缩小；剪辑的缩放值大于100%时，剪辑会放大。

● 缩放宽度：当取消勾选【等比缩放】复选框时，【缩放宽度】为可用状态，可以对剪辑的宽度和高度进行单独修改。

● 旋转：可以设置让图像在平面上旋转，并根据需求输入旋转的度数或旋转数。正数是顺时针旋转，负数是逆时针旋转。

● 锚点：旋转和位置改变都是基于锚点进行的，一般情况下，锚点位于剪辑的中心点处，但可以设置锚点到其他位置。

● 防闪烁滤镜：可以通过输入数值预防明暗度变化较大的图像在运动过程中其边缘产生闪烁。

修改【效果控件】面板中【位置】的数值，【节目】面板中素材的位置随之发生改变，如图3-1-3所示。

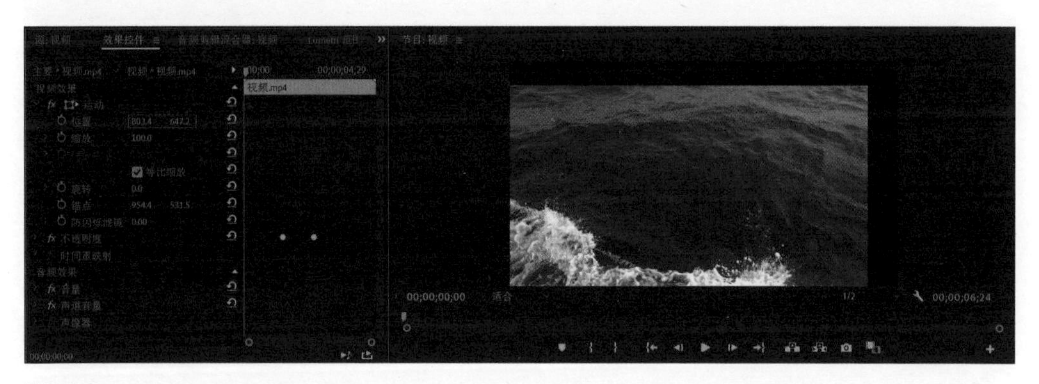

图3-1-3

修改【效果控件】面板中【缩放】的数值，【节目】面板中素材的大小随之改变，如图3-1-4所示。

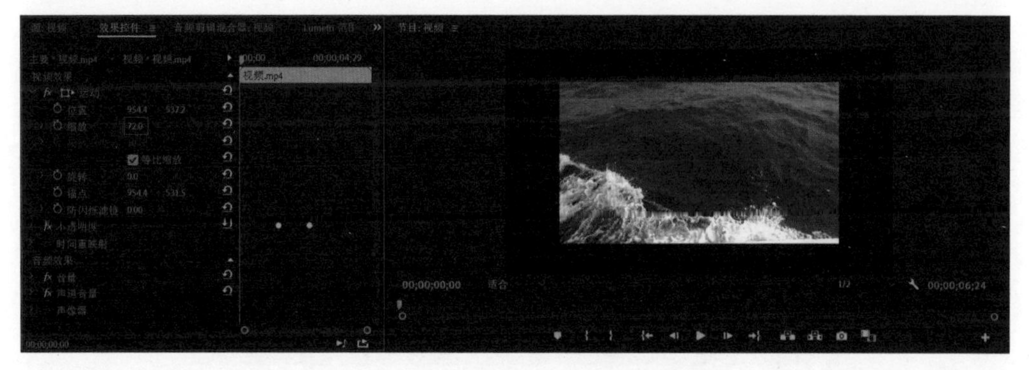

图3-1-4

修改【效果控件】面板中【旋转】的数值，【节目】面板中的素材顺时针旋转，如图3-1-5所示。

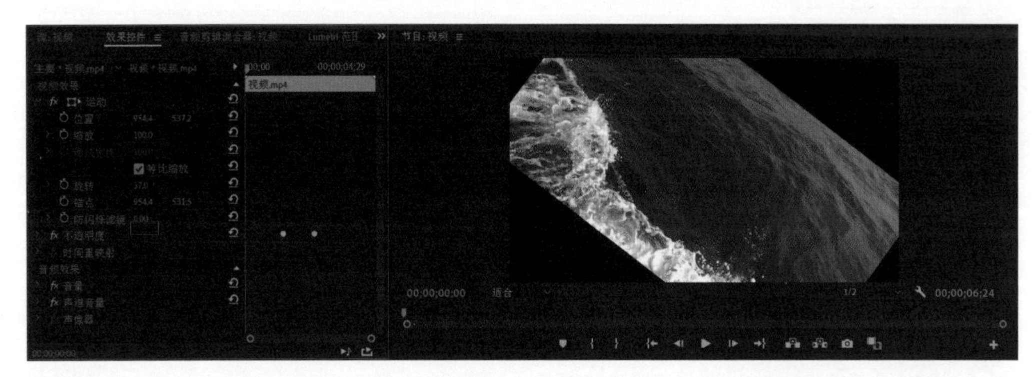

图3-1-5

单击【效果控件】面板中的【锚点】，【节目】面板中的素材上出现图3-1-6所示的蓝色十字圆点，此即锚点。锚点的位置可以任意设置。

图3-1-6

3.2 动画制作入门

向【时间轴】面板导入一段素材，如图3-2-1所示。

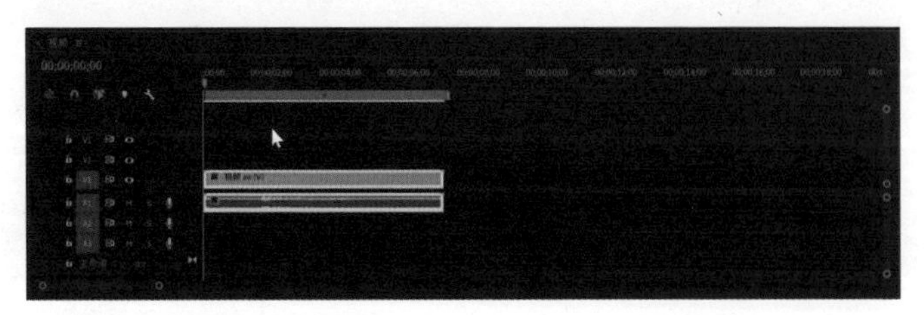

图3-2-1

在【效果控件】面板中可以对素材的不透明度进行调节，如图3-2-2所示，数值为100.0%时素材完全不透明，数值为0.0%时素材完全透明。

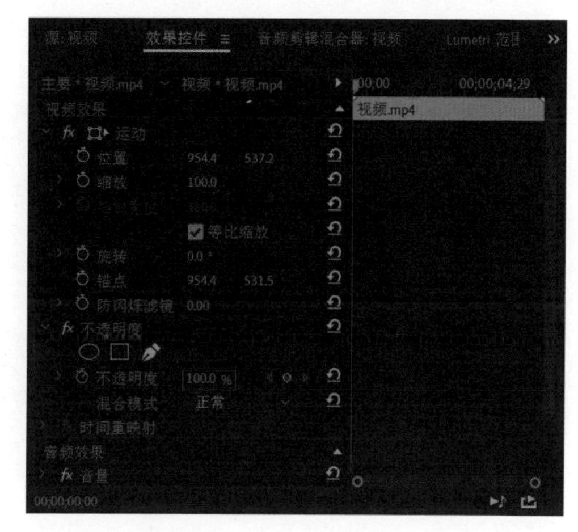

图3-2-2

如图3-2-3所示，在【不透明度】中有3个图标与工具栏中的（见图3-2-4）完全一样，但它们在作用上具有差异。我们可以使用椭圆形或矩形蒙版对素材的效果进行一定范围的约束，并且这些蒙版可以自动追踪素材。

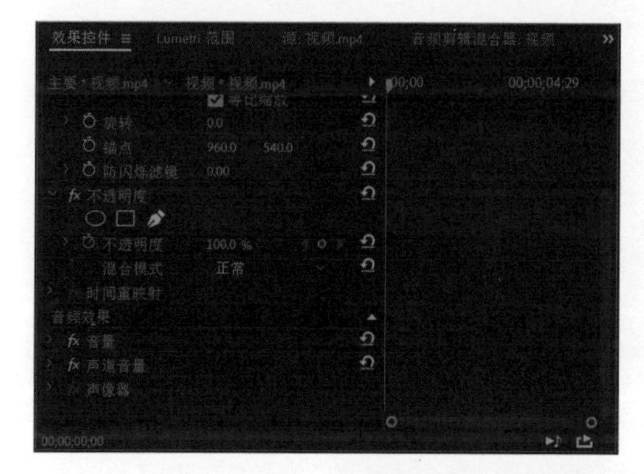

图3-2-3

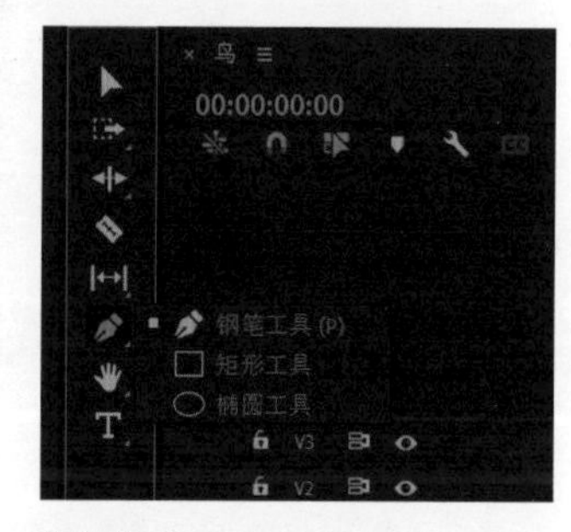

图3-2-4

单击【不透明度】里的矩形蒙版按钮，【节目】面板中的素材上出现一个矩形，如图3-2-5所示。

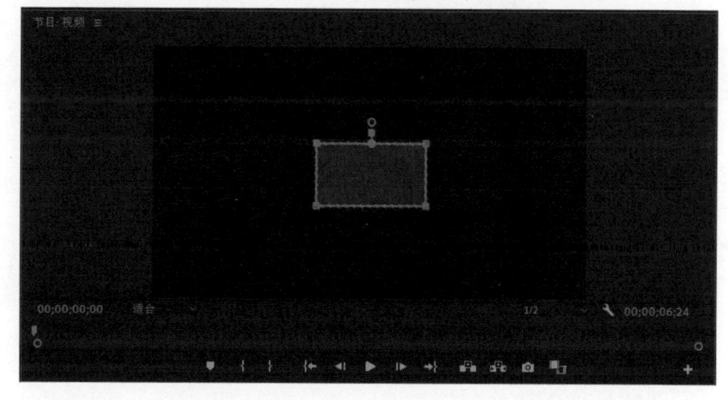

图3-2-5

用鼠标拖动矩形的边框，可以改变其形状，如图3-2-6所示。

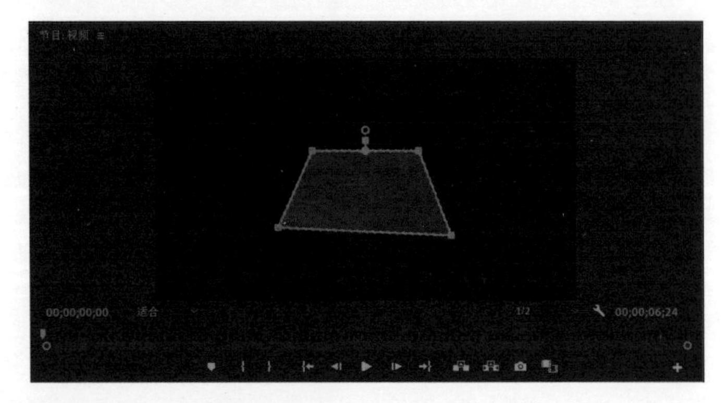

图3-2-6

椭圆形蒙版和钢笔蒙版的用法与功能与矩形蒙版相同，如图3-2-7、图3-2-8所示。

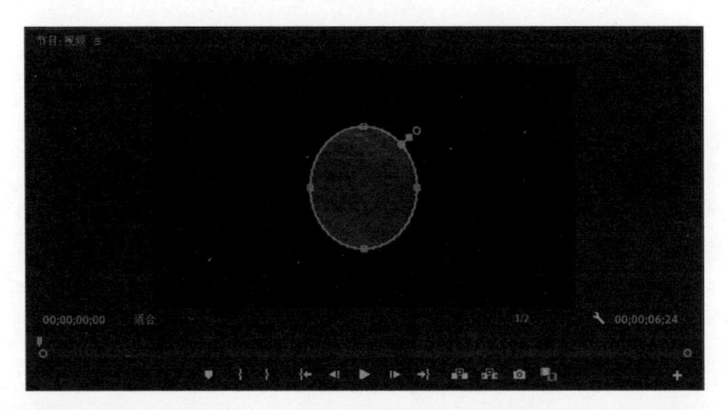

图3-2-7

图3-2-8

各属性前有码表标志，单击即可锁定这一时刻对应的帧的状态，且右方出现菱形点，可以视为关键帧标记点，如图3-2-9所示。

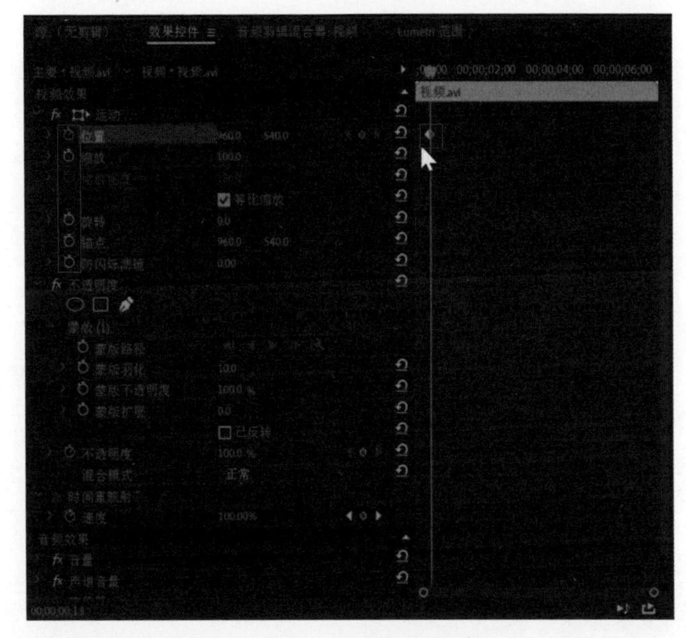

图3-2-9

拖动蓝色指针，改变位置属性的数值，以形成第二个关键帧，如图3-2-10所示，此时Premiere Pro能够自动生成两个关键帧之间的动画。

同样，可以调整多个属性如图3-2-11所示，生成多个属性同时变化的动画。

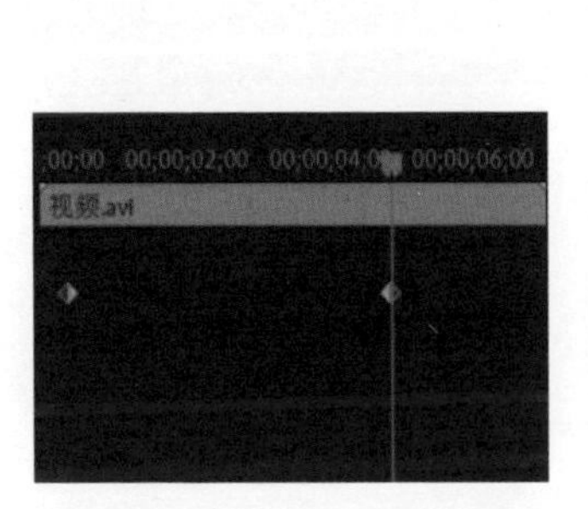

图3-2-10

图3-2-11

只有单击属性前方的码表标志，并标记好关键帧，才能产生动画效果。

3.3

音频效果

向【时间轴】面板导入一段音频素材，如图3-3-1所示。

图3-3-1

进入【效果控件】面板，如图3-3-2所示，下面介绍音频效果中各属性的作用。

图3-3-2

● 旁路：可以当成一个开关，当不勾选【旁路】复选框时，改变【级别】的数值可以对音频素材进行调节，否则不能进行调节。

● 级别值为0.0时，未对原视频音量大小进行调节，如图3-3-3所示。

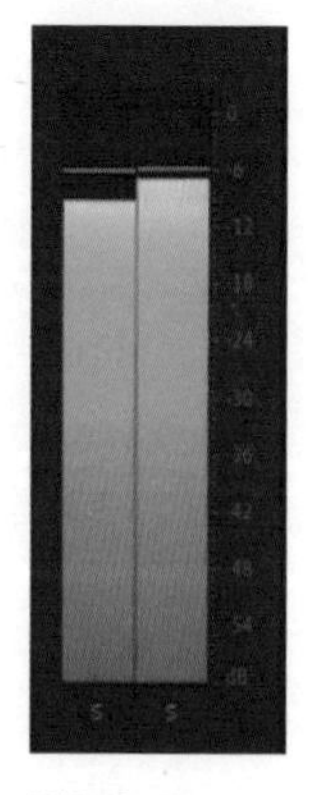

图3-3-3

不勾选【旁路】复选框，调节【级别】至5.5dB，如图3-3-4所示，音频素材音量变大，如图3-3-5所示。

图3-3-4

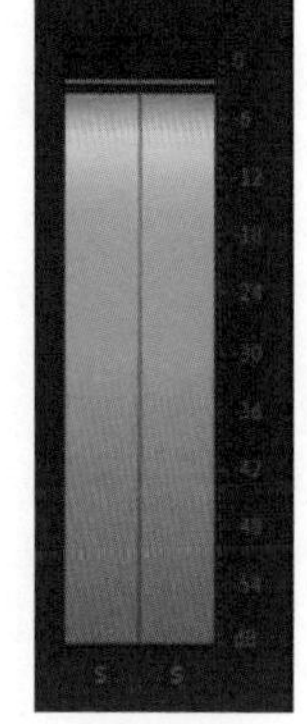

图3-3-5

不勾选【旁路】复选框，调节【级别】至-16.4dB，如图3-3-6所示，音频素材音量变小，如图3-3-7所示。

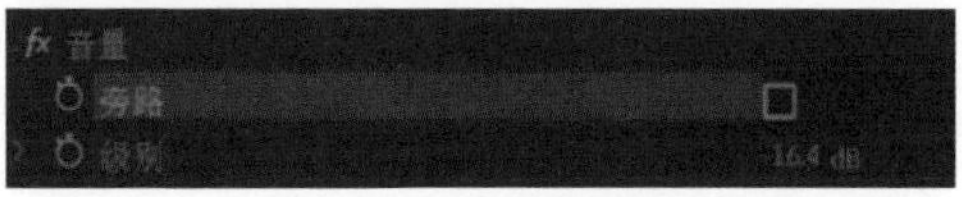

图3-3-6

图3-3-7

勾选【旁路】复选框，如图3-3-8所示，音频素材恢复原本音量大小，如图3-3-9所示。

图3-3-8

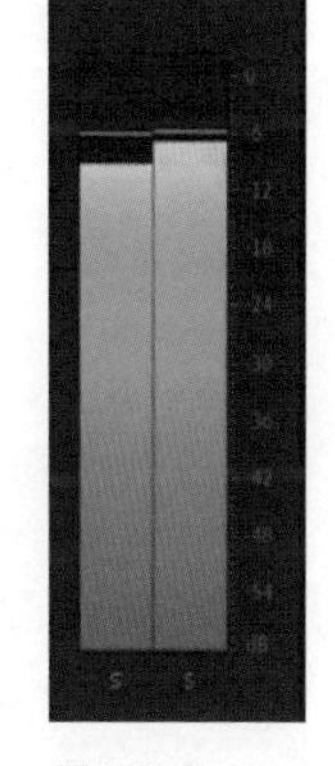

图3-3-9

【声道音量】的属性调节与【音量】的属性调节相似，如图3-3-10所示。【声道音量】的属性调节是对左、右两个声道分别进行调节。

图3-3-10

【声像器】的属性调节与【音量】的属性调节功能相同，如图3-3-11所示，【声像器】的属性调节是对左和右两个声道进行共同调节。

图3-3-11

3.4 空间插值和临时插值

Premiere Pro中有关动画的制作涉及两个基本方法：空间插值与临时插值。

这两种方法在属性和效果中提供了关键帧之间的过渡。空间插值处理的是不同关键帧位置上的变化，而临时插值处理的是不同关键帧时间上的变化。

向【时间轴】面板中导入一个素材，如图3-4-1所示。

图3-4-1

进入【效果控件】面板，调节【缩放】属性数值至24，如图3-4-2所示，这时可以在【节目】面板中看到素材缩小，如图3-4-3所示。

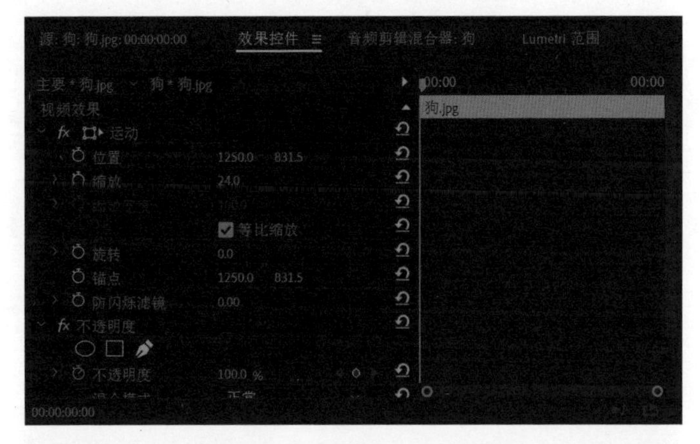

图3-4-2

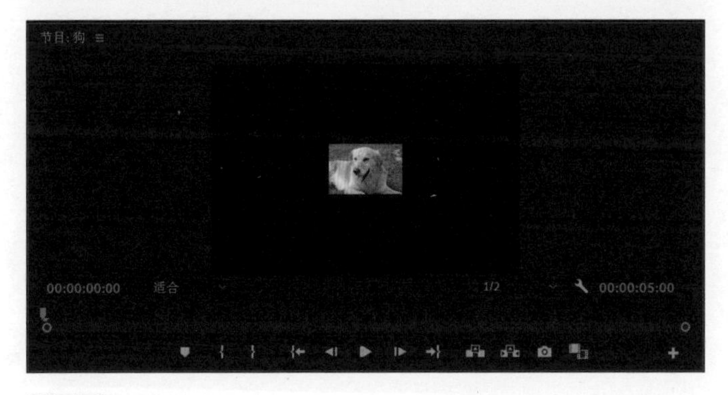

图3-4-3

接下来设置位置的变换。单击【节目】面板中的素材并将其拖至左上方，如图3-4-4所示。

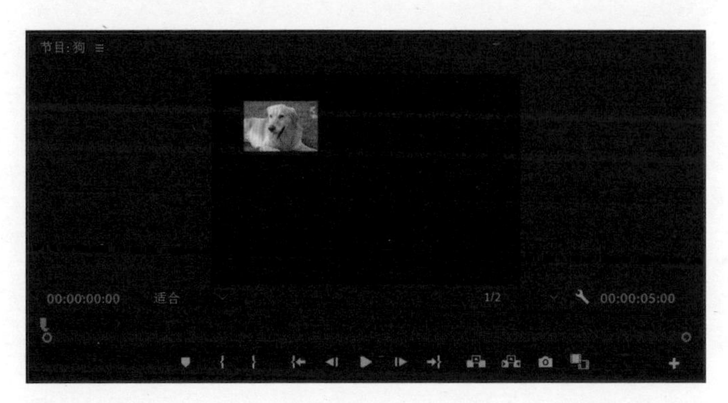

图3-4-4

如图3-4-5所示，在0秒处单击【位置】属性前的码表标志，生成第一个关键帧。

图3-4-5

拖动蓝色指针，改变素材的位置，分别形成第二个和第三个关键帧，如图3-4-6、图3-4-7所示。

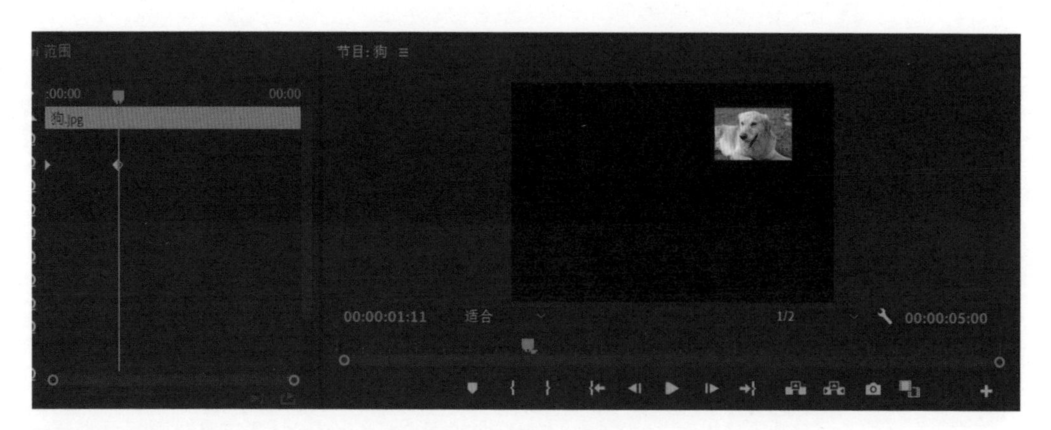

图3-4-6

图3-4-7

右击【节目】面板中的素材，弹出图3-4-8所示的快捷菜单。选择【添加标记】选项，这时我们可以看到图3-4-9所示的运动路径。

图3-4-8

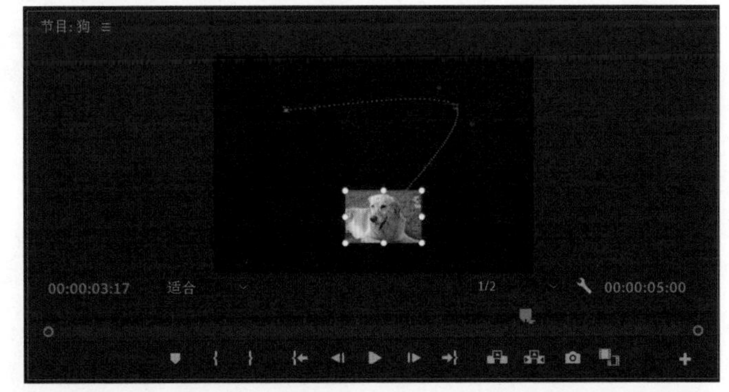

图3-4-9

拖动蓝色曲线上的标记点，如图3-4-10所示，Premiere Pro可以自动生成运动路径并计算出移动的时间及速度。单击【节目】面板上的播放按钮，此时图片会沿着运动路径移动。

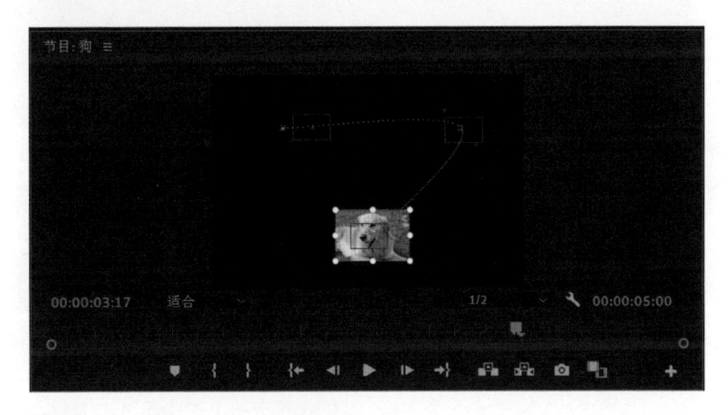

图3-4-10

单击关键帧标记点，弹出图3-4-11、图3-4-12所示的快捷菜单。在该快捷菜单中，可以选择对【临时插值】和【空间插值】进行设置。

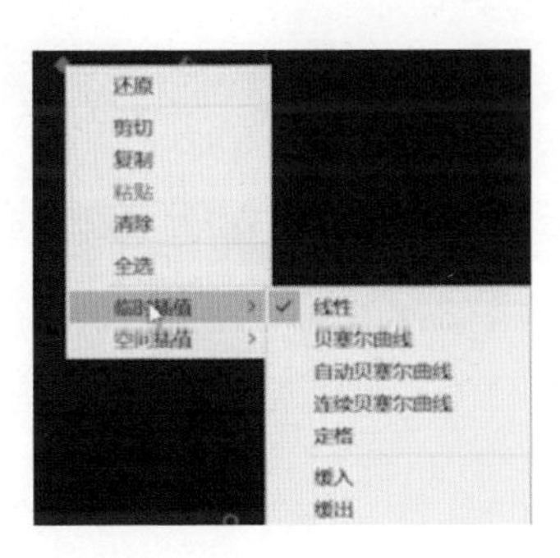

图3-4-11

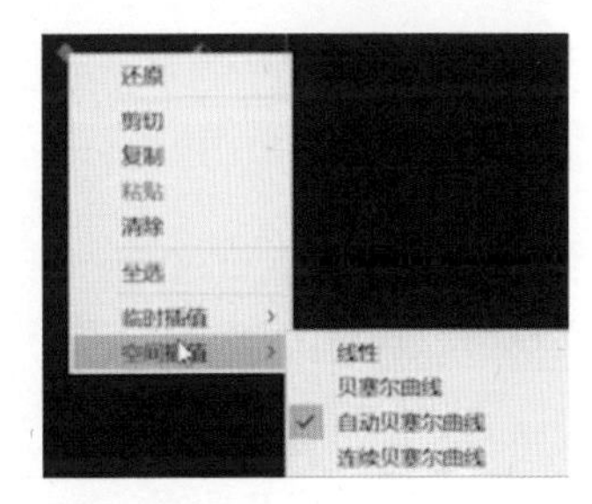

图3-4-12

将【空间插值】从【自动贝塞尔曲线】切换为【线性】，【节目】面板中蓝色曲线变为蓝色折线，如图3-4-13所示。

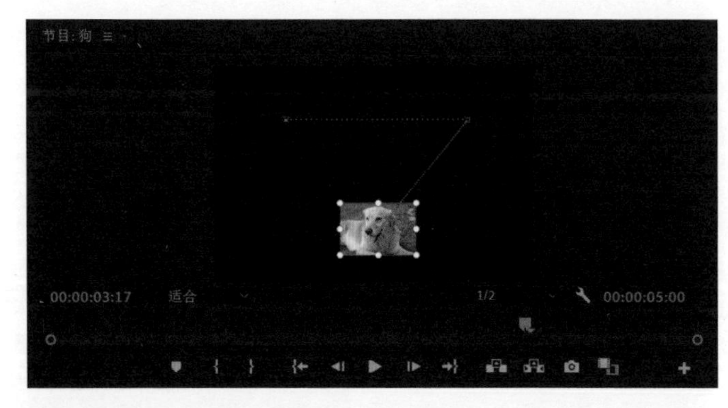

图3-4-13

单击蓝色折线上的标记点，标记点处出现蓝色控制手柄，可以通过控制手柄对运动路径进行进一步调节，如图3-4-14所示。

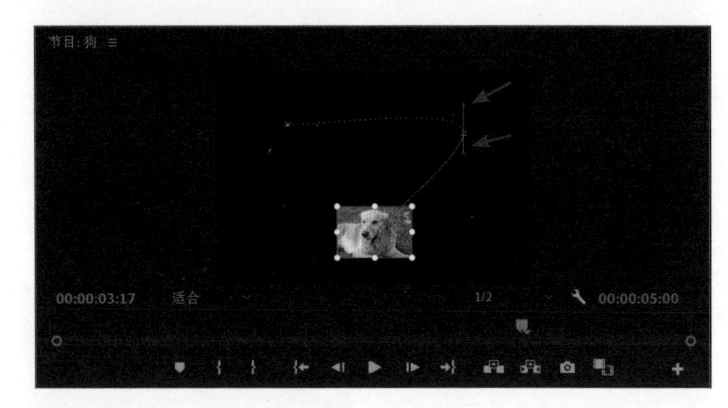

图3-4-14

仔细观察蓝色曲线，可以看到它是由很多分布均匀的小点组成的（如图3-4-15），表明素材以均匀的速率进行移动。

图3-4-15

将【临时插值】从【线性】切换为【自动贝塞尔曲线】，【节目】面板中蓝色曲线上的小点分布发生了变化，中间稀疏、两边密集，如图3-4-16所示，表明素材在两边移动速率高、中间移动速率低。

图3-4-16

将【临时插值】从【自动贝塞尔曲线】切换为【定格】，【节目】面板中的蓝色曲线消失，仅显示3个标记点，如图3-4-17所示。此时素材仅在不同时刻出现在标记点的位置，不发生运动。

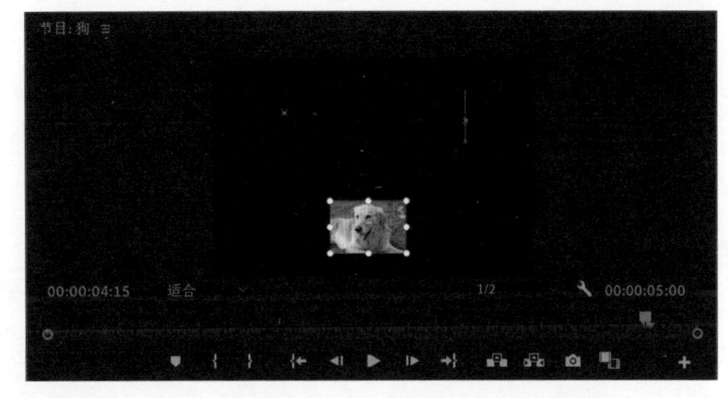

图3-4-17

3.5 混合模式

混合模式用于将不同轨道（上层轨道为前景，下层轨道为背景）上的图片或素材进行混合。

向【时间轴】面板中导入两个图片素材，如图3-5-1所示。

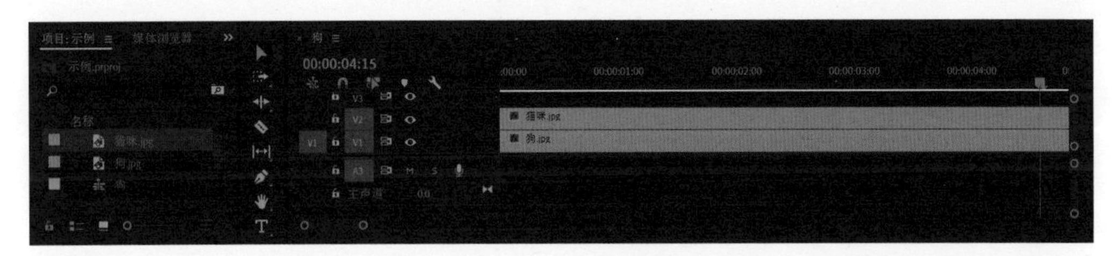

图3-5-1

在【效果控件】面板中，可以选择【混合模式】。默认状态下，【混合模式】是【正常】，如图3-5-2所示。

图3-5-2

在这种混合模式下，前景图像能够完全显示，背景图像被完全遮盖，如图3-5-3所示。

单击展开【混合模式】列表，滚动鼠标滚轮可以快速在各种混合模式之间切换，如图3-5-4所示。如果读者想深入了解混合模式，最好是自己多进行尝试。

图3-5-3

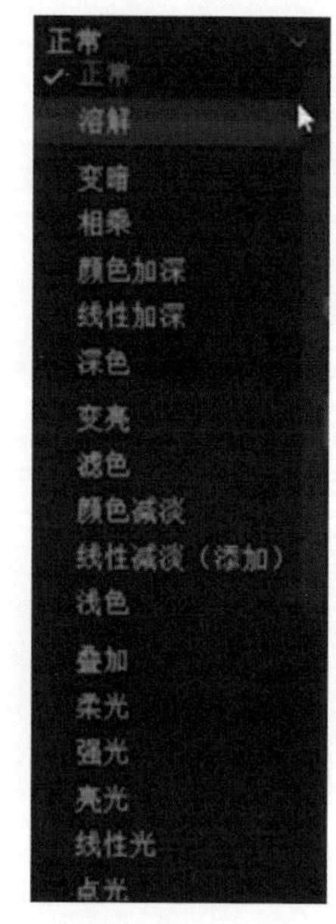

图3-5-4

3.6 动画效果的复制和保存

新建序列，导入一个图片素材并设置素材长度为5秒，如图3-6-1所示。

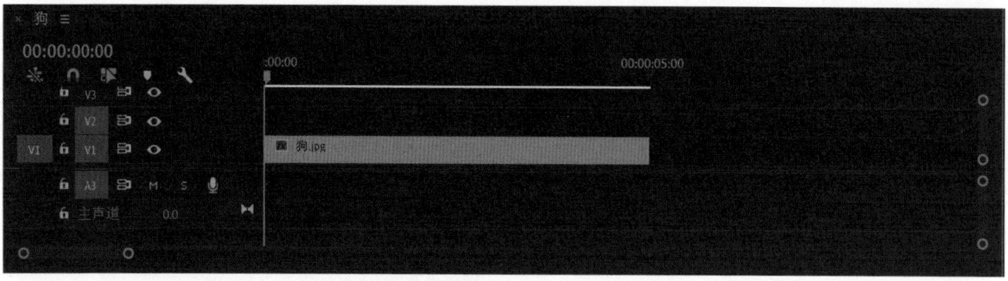

图3-6-1

原始素材在【节目】面板中的显示如图3-6-2所示。

图3-6-2

在【效果控件】面板中，改变素材的【位置】属性的数值，在0秒处单击【位置】属性前的码表标志，生成第一个关键帧，如图3-6-3所示。接着拖动蓝色指针，改变素材的位置，分别形成第二个、第三个及第四个关键帧。

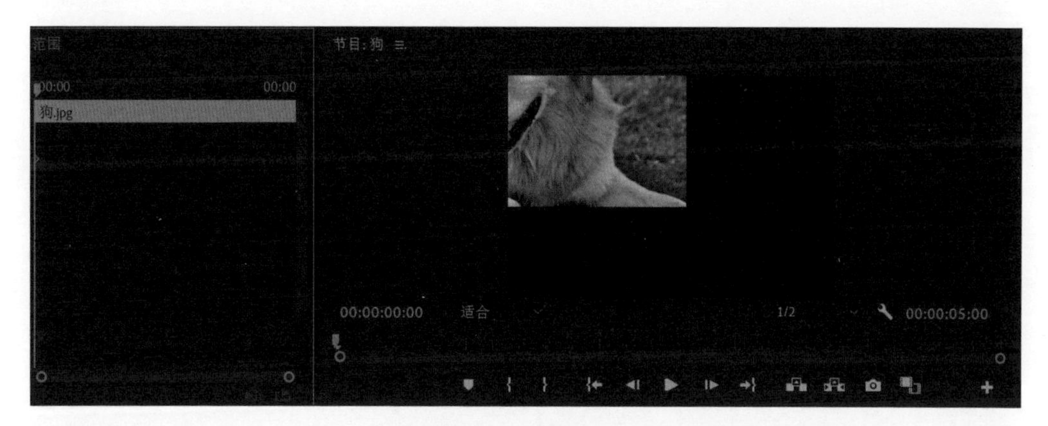

图3-6-3

右击【节目】面板中的素材，在弹出的快捷菜单中选择【添加标记】选项，这时可以在【节目】面板中看到图3-6-4所示的运动路径。

图3-6-4

接着我们对素材的其他属性进行变换。改变素材的【缩放】属性的数值为25.0，在0秒处单击【缩放】属性前的码表标志，生成【缩放】变换的第一个关键帧，如图3-6-5所示。

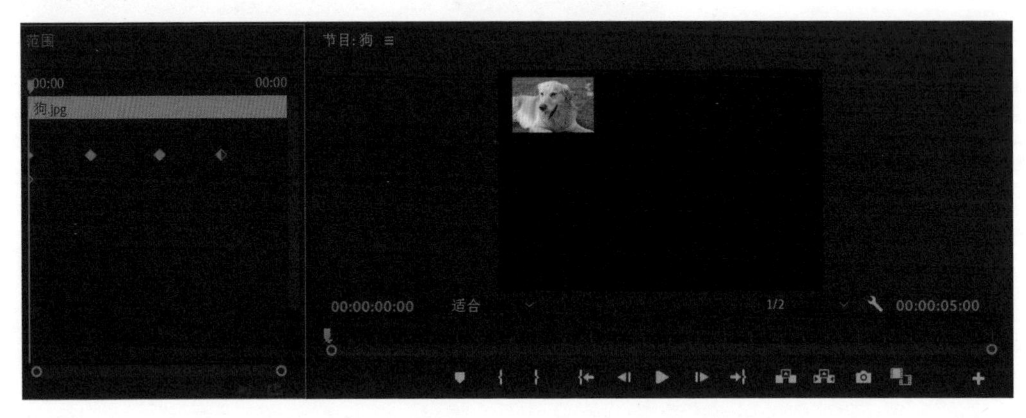

图3-6-5

对【缩放】、【旋转】、【不透明度】等属性进行多次调节，生成多个关键帧，如图3-6-6所示。此时生成的动画在播放的过程中，素材不仅有位置、大小的变化，还有旋转及不透明度的变化。

图3-6-6

导入新的图片素材，如图3-6-7所示。我们需要对它进行与第一个素材相同的动画效果变换。

图3-6-7

用鼠标在【效果控件】面板中的关键帧板块进行框选，如图3-6-8所示。

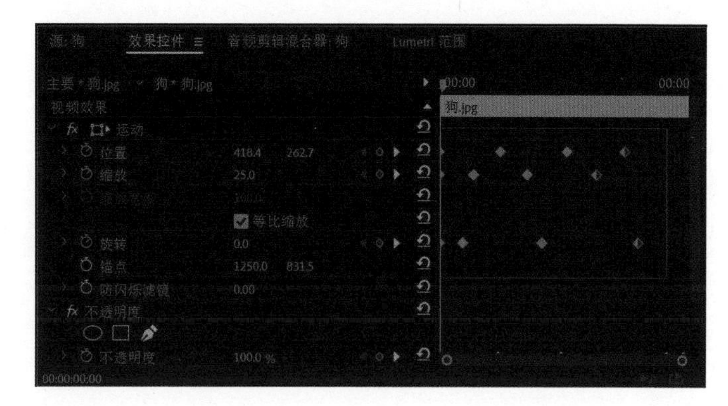

图3-6-8

单击任意一个关键帧的标记点，出现图3-6-9所示的菜单。选择【复制】选项。

在【时间轴】面板单击要操作的素材，如图3-6-10所示。

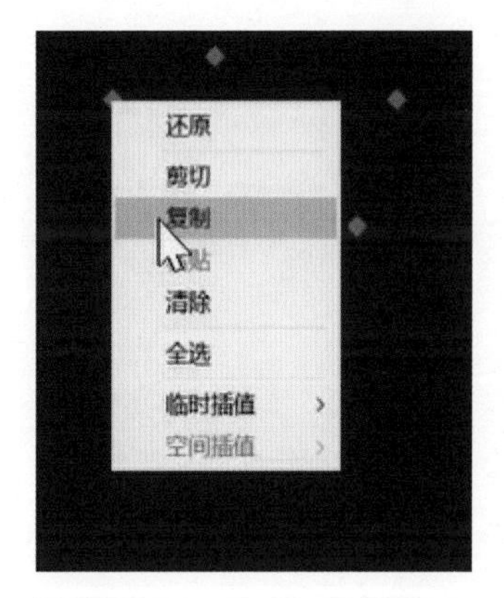

图3-6-9

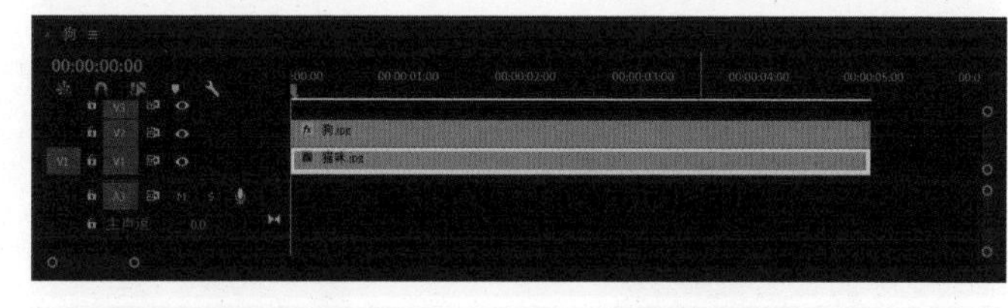

图3-6-10

在【效果控件】面板中的关键帧板块单击，弹出图3-6-11所示的菜单，在弹出的菜单中选择【粘贴】选项，就完成了动画效果的复制，如图3-6-12所示。

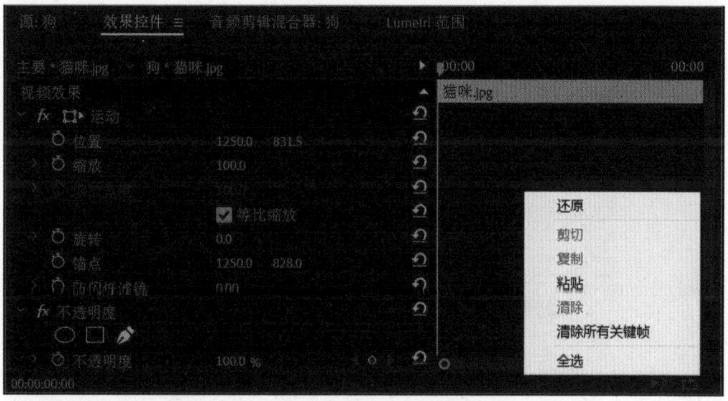

图3-6-11

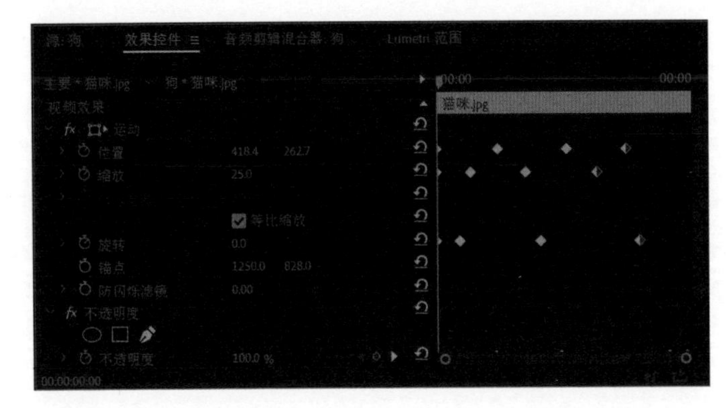

图3-6-12

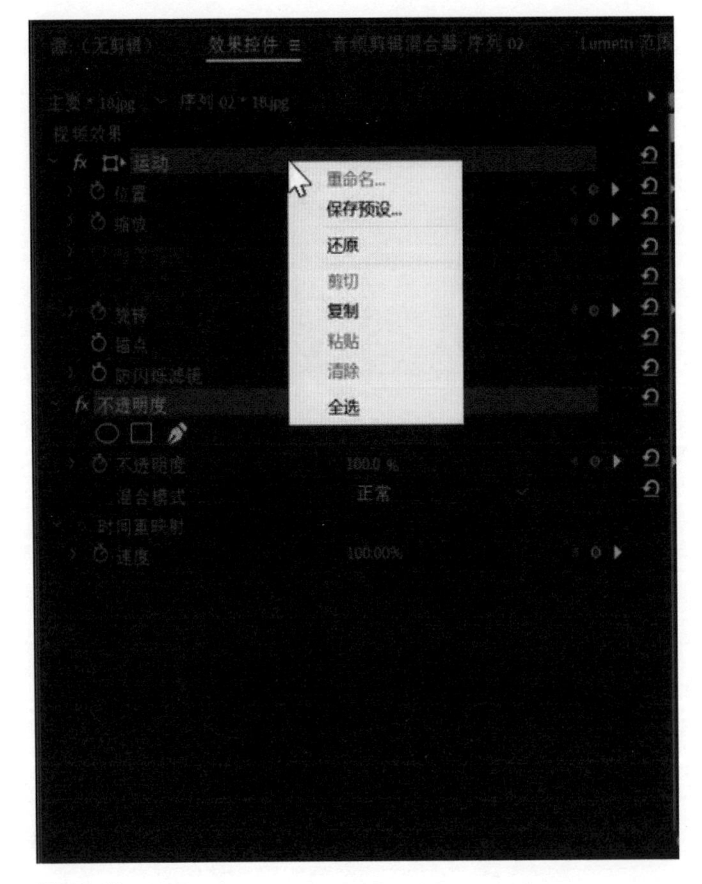

图3-6-13

当我们想对动画效果进行保存时，按住【Ctrl】键，同时选择【运动】属性和【不透明度】属性，单击后出现图3-6-13所示的菜单。

选择【保存预设】选项，弹出图3-6-14所示的对话框。此时可以设置预设的名称等，单击【确定】按钮，该动画效果保存到计算机中。

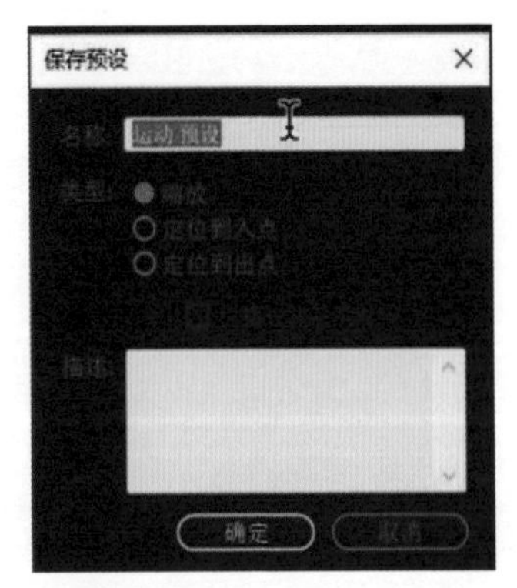

图3-6-14

第4章

◆◆◆◆◆

Premiere Pro其他工具的使用技巧

前 3 章介绍了 Premiere Pro 的一些基本操作，当一个视频文件剪辑完成时，需要将项目导出，软件的输出设置将在本章进行介绍。除此之外，本章内容还包括视频过渡特效及新建项的使用。

4.1

输出设置

【时间轴】面板中有一段视频素材，如图4-1-1所示。假定这段素材已经剪辑完成，需要将其从Premiere Pro中导出。

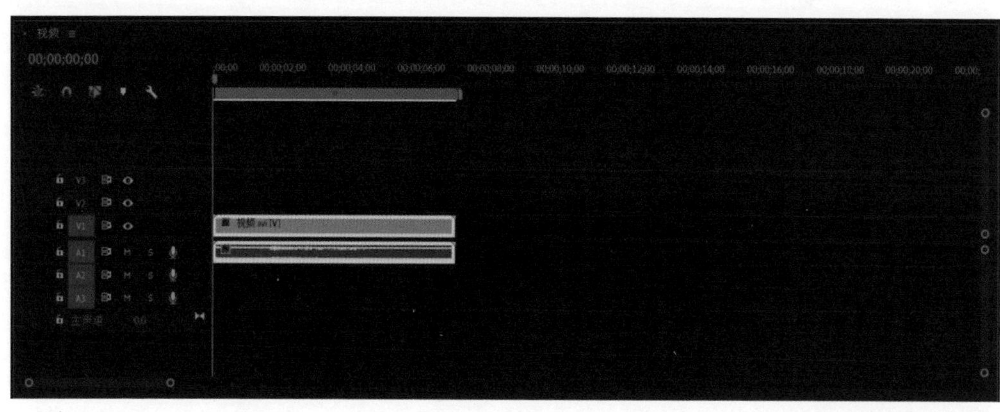

图4-1-1

选择【文件】>【导出】>【媒体】，如图4-1-2所示，弹出图4-1-3所示的对话框。在其中，可以对要导出的视频进行设置。

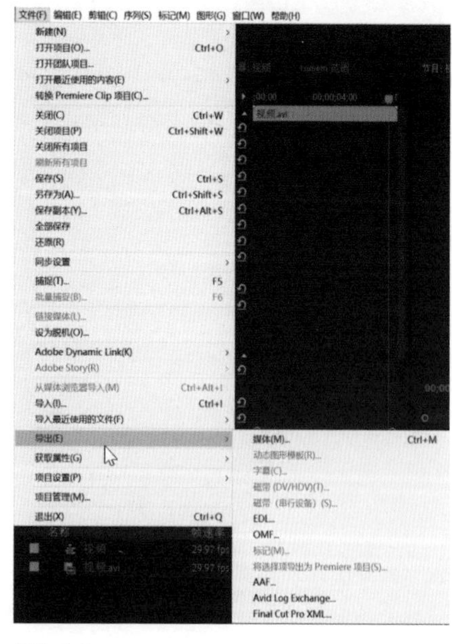

图4-1-2

图4-1-3

在对话框左侧的【源】选项卡中可以对即将导出的视频进行裁剪，如图4-1-4所示。单击【裁剪输出视频】按钮，此时可以直接截取需要的视频范围，如图4-1-5所示，导出的视频为裁剪过后的部分。

图4-1-4

图4-1-5

除此之外，【源】选项卡中另外几个选项也可以进行输出范围的调整，如图4-1-6所示。

图4-1-6

在【输出】选项卡中可以对即将导出的视频进行缩放或拉伸，如图4-1-7所示。

图4-1-7

在对话框左侧下方拖动蓝色指针，如图4-1-8所示，可以对即将导出的视频进行预览，如图4-1-9所示。

图4-1-8

图4-1-9

单击进度条下方的小三角形并拖动，如图4-1-10所示，可以调整视频的入点与出点。

图4-1-10

在最底部的【源范围】下拉列表框中，可以根据实际需求选择要导出的源视频范围，如图4-1-11所示。

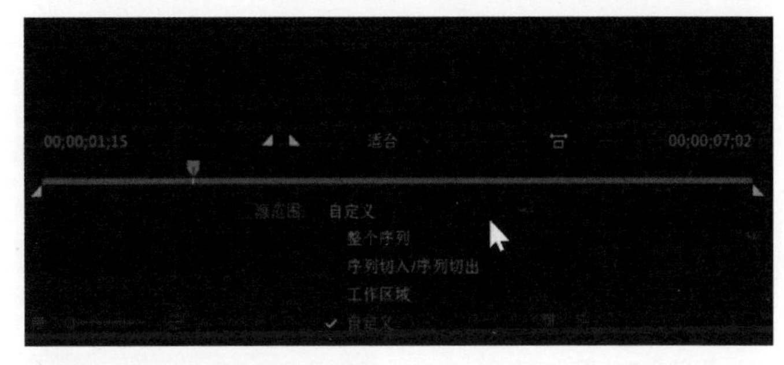

图4-1-11

接下来介绍对话框右边的设置，如图4-1-12所示。

勾选【与序列设置匹配】复选框，下方选项将不能继续进行设置，如图4-1-13所示。此时导出的视频格式、预设等与序列设置相同。当不勾选该复选框时，可以对输出的文件进行格式、大小等的调整。

图4-1-12

图4-1-13

勾选【导出视频】和【导出音频】复选框，如图4-1-14所示，可以对视频和音频进行单独或合并导出。

单击【导出】按钮，弹出图4-1-15所示的对话框。可以直接单击【取消】按钮关闭该对话框。

图4-1-14

图4-1-15

4.2

视频过渡特效介绍

向Premiere Pro中导入两张图片及一个视频素材，如图4-2-1所示。

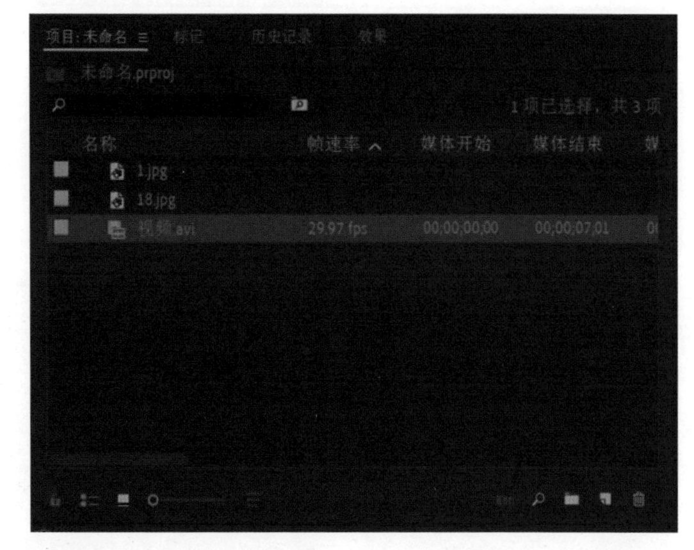

图4-2-1

将两张图片素材拖入【时间轴】面板中，如图4-2-2所示。

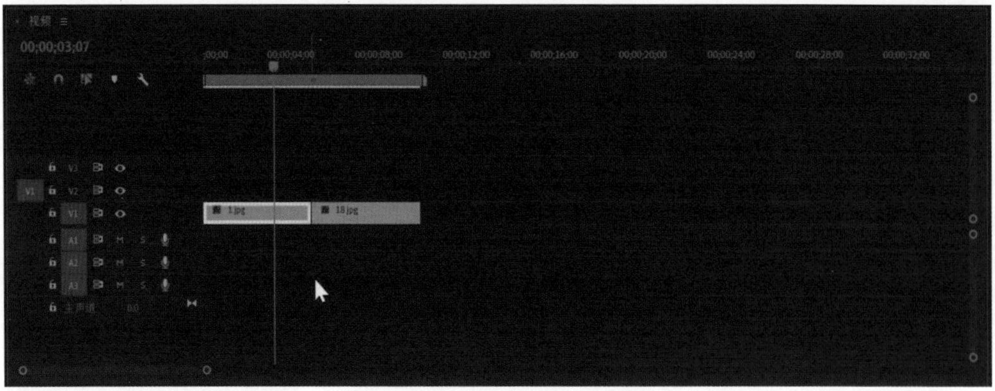

图4-2-2

在某些时候，我们需要把两段素材连接起来，如果直接进行拼接，可能会出现画面变化突然。Premiere Pro提供了许多有关视频及图片过渡的特效。

选择【窗口】>【效果】，进入【效果】面板，如图4-2-3和图4-2-4所示，可以看到有【视频过渡】文件夹。

图4-2-3

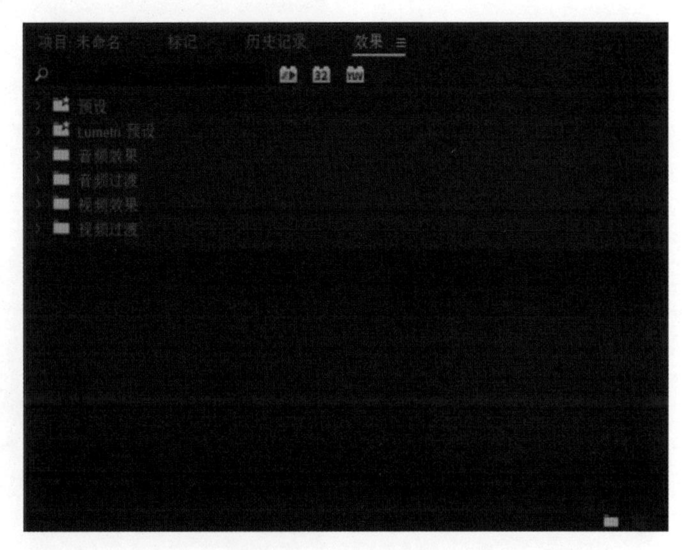

图4-2-4

进入【视频过渡】文件夹，如图4-2-5所示，其中包含很多种类的视频过渡效果。

选择【缩放】>【交叉缩放】，如图4-2-6所示，可以将其直接拖至两个素材之间，如图4-2-7所示。此时播放时，两个素材间会出现交叉缩放的特效。

图4-2-5

图4-2-6

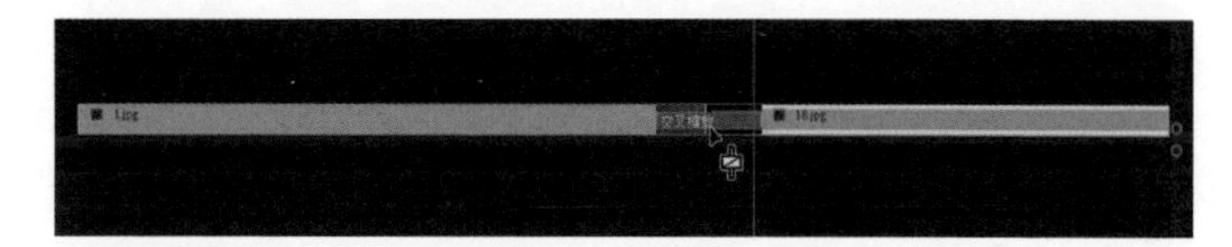

图4-2-7

在【时间轴】面板中单击该视频过渡效果，进入【效果控件】面板，如图4-2-8所示，在这里可以对视频过渡效果的一些参数进行设置。如果读者想深入了解视频过渡特效，最好是自己多进行尝试。

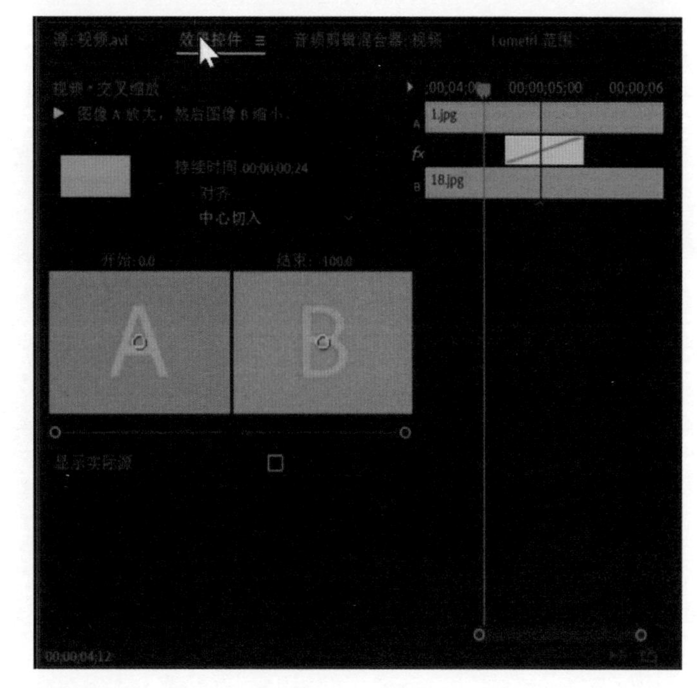

图4-2-8

4.3 新建项

1.2节已经介绍了常用操作之一新建序列，接下来介绍新建项的其他内容。

在【项目】面板中单击【新建项】按钮，弹出图4-3-1所示的菜单。

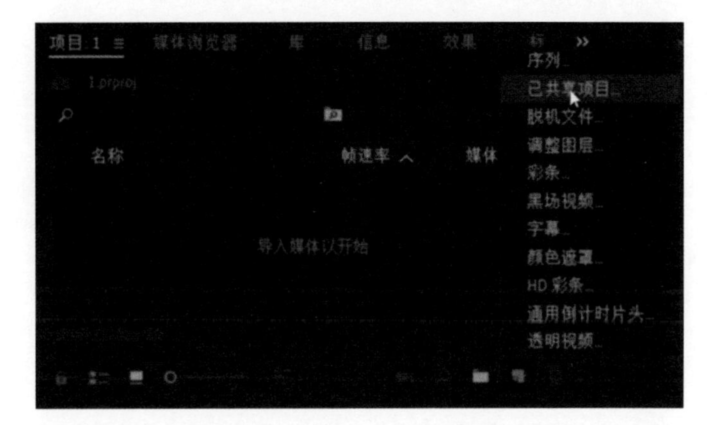

图4-3-1

选择【已共享项目】选项，弹出图4-3-2所示的对话框。在该对话框中可以对共享项目名称进行设置，单击【确定】按钮，完成共享项目的建立。

选择【脱机文件】选项，弹出图4-3-3所示的对话框。在该对话框中可以对脱机文件参数进行设置，单击【确定】按钮，弹出图4-3-4所示的对话框。在该对话框中可以设置脱机文件磁带名称等，单击【确定】按钮关闭对话框。

图4-3-2

图4-3-3

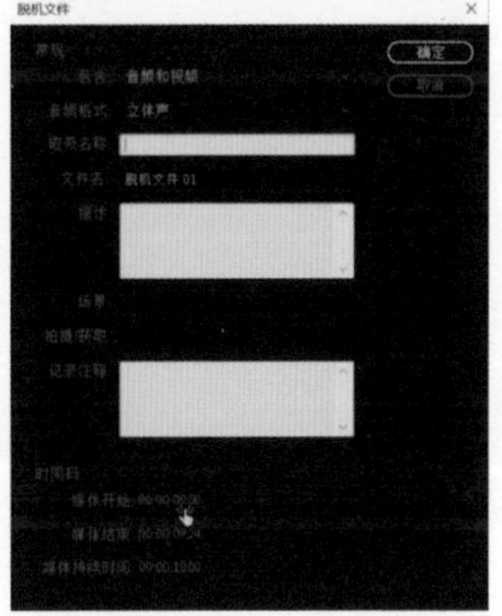

图4-3-4

向【项目】面板导入4个图片素材，如图4-3-5所示。

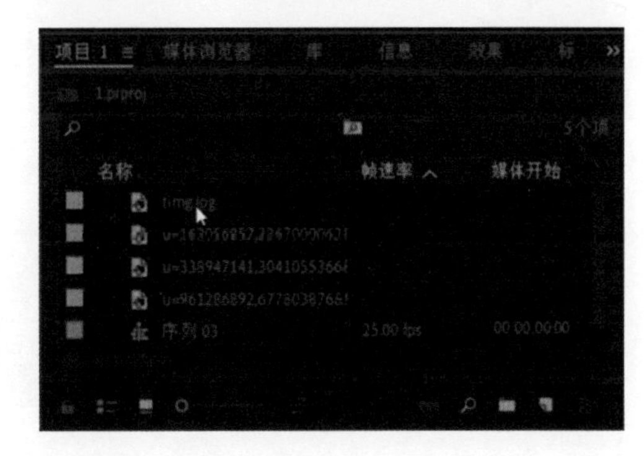

图4-3-5

将4个图片素材拖至【时间轴】面板，如图4-3-6所示。

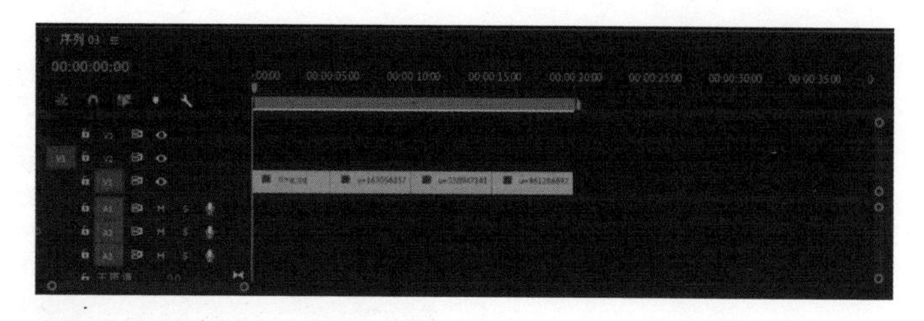

图4-3-6

在【新建项】菜单中选择【调整图层】选项，弹出图4-3-7所示的对话框。单击【确定】按钮，【项目】面板中出现调整图层，如图4-3-8所示。

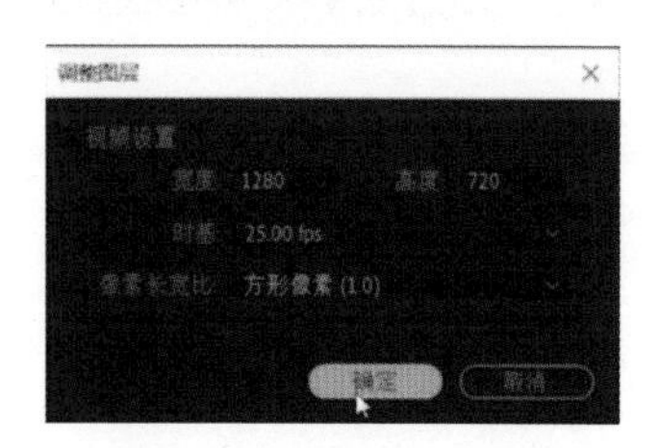

图4-3-7

图4-3-8

选择【项目】面板中的【调整图层】，将其拖至【时间轴】面板中，如图4-3-9所示。

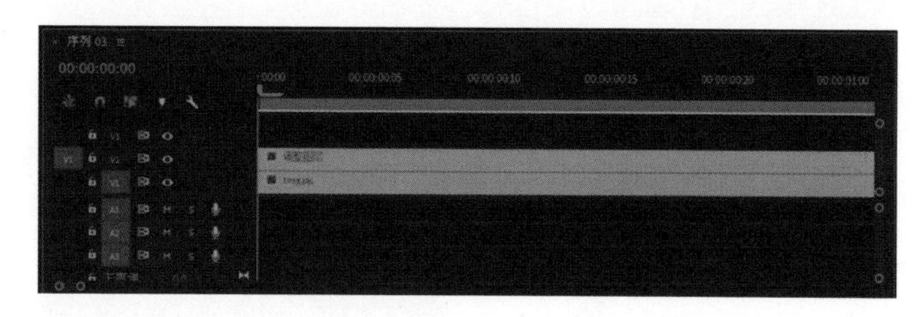

图4-3-9

调整图层默认为透明的图层，不会对其下素材的显示产生影响。当为调整图层添加特效时，其下的素材图层也会被同步编辑。

在【新建项】菜单中选择【彩条】选项，弹出图4-3-10所示的对话框。单击【确定】按钮，完成彩条的建立。【项目】面板中出现【彩条】，如图4-3-11所示。

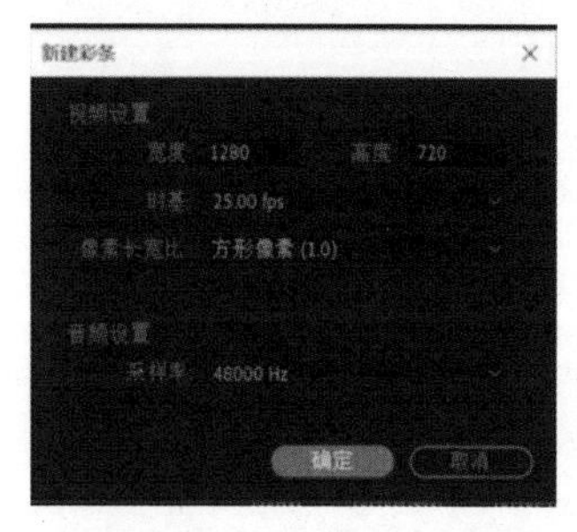

图4-3-10

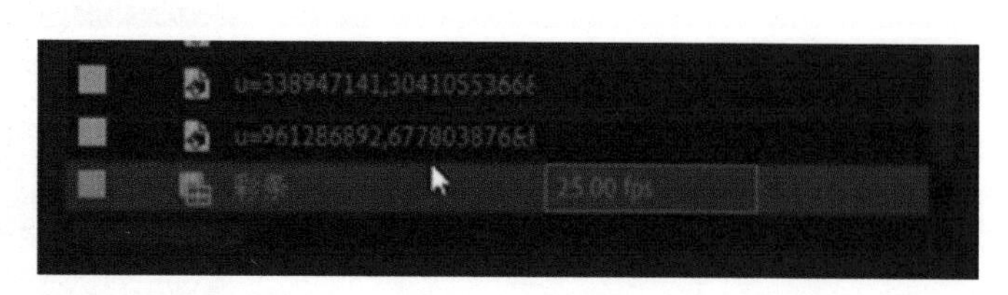

图4-3-11

单击【项目】面板中的【彩条】，将其拖至【时间轴】面板中，如图4-3-12所示，【节目】面板中的显示效果如图4-3-13所示。

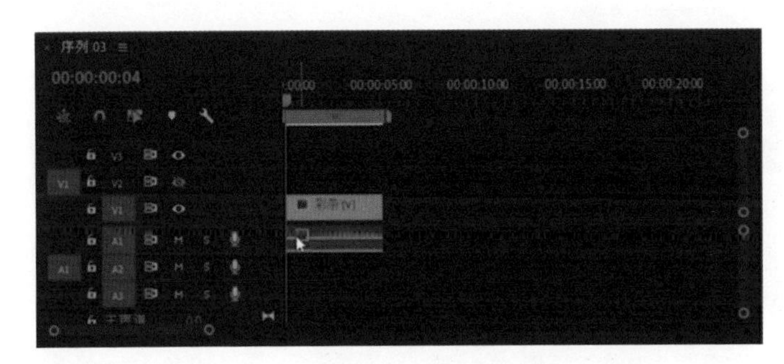

图4-3-12

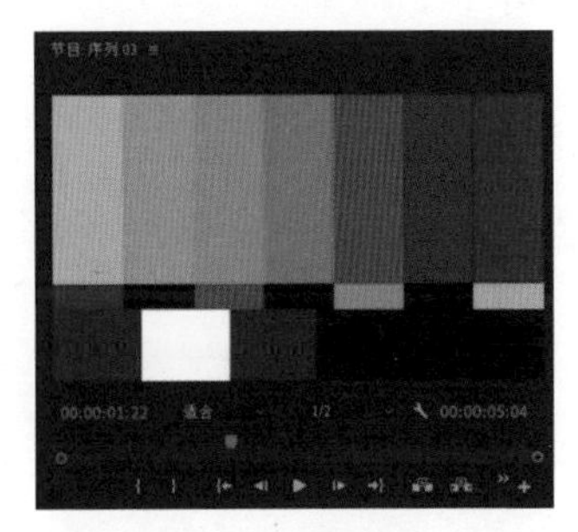
图4-3-13

在【新建项】菜单中选择【黑场视频】选项，弹出图4-3-14所示的对话框。单击【确定】按钮，完成黑场视频的建立。【项目】面板中出现【黑场视频】，如图4-3-15所示。

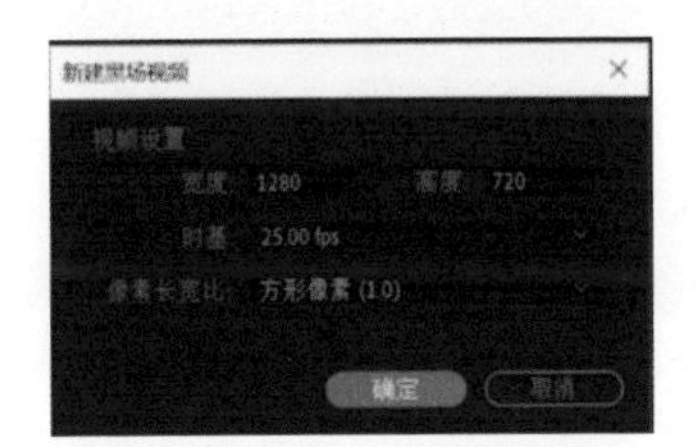

图4-3-14

图4-3-15

单击【项目】面板中的【黑场视频】，将其拖至【时间轴】面板中，如图4-3-16所示，【节目】面板中的显示效果如图4-3-17所示。

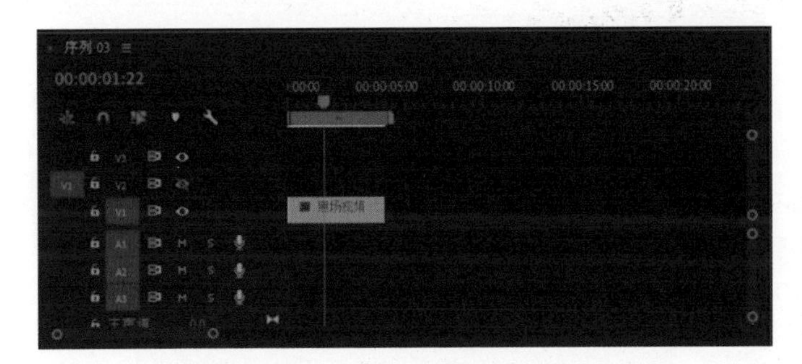

图4-3-16

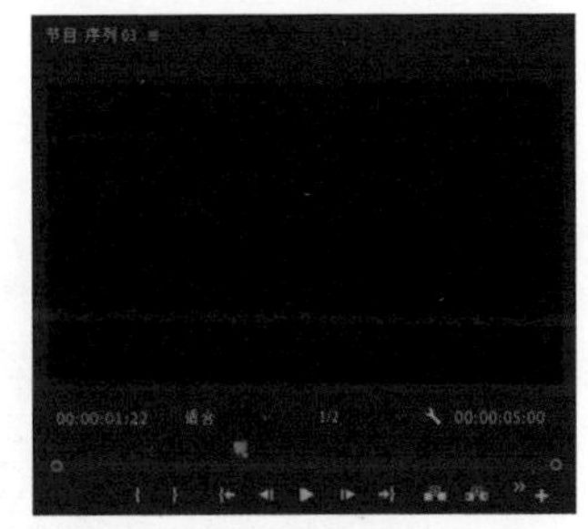
图4-3-17

在【新建项】菜单中选择【颜色遮罩】选项，弹出图4-3-18所示的对话框。单击【确定】按钮，出现图4-3-19所示的对话框。在此对话框中可以对背景颜色进行选择。单击【确定】按钮后，在弹出的对话框中输入遮罩的名称后单击【确定】按钮，完成颜色遮罩的创建，如图4-3-20所示。

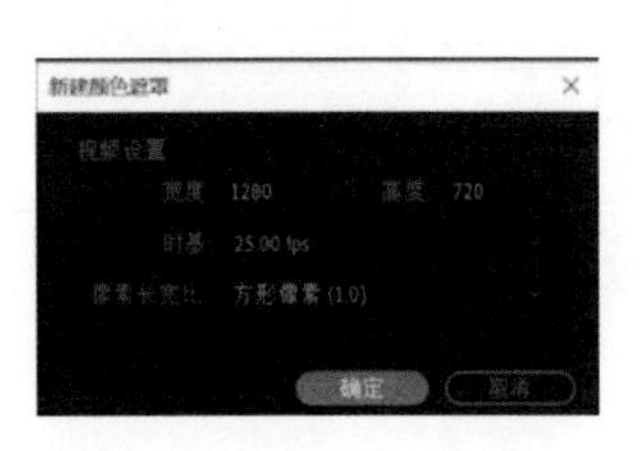

图4-3-18

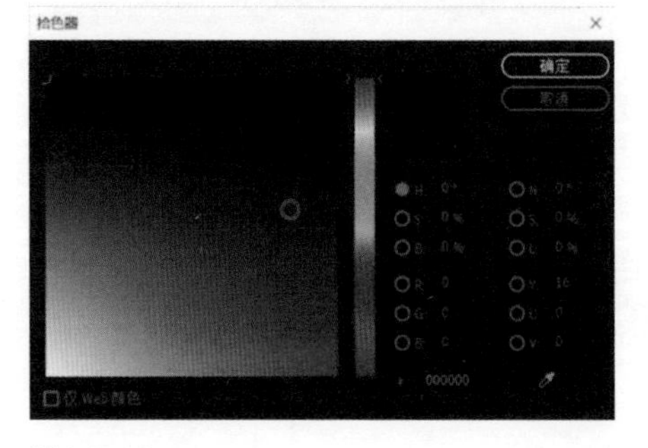

图4-3-19

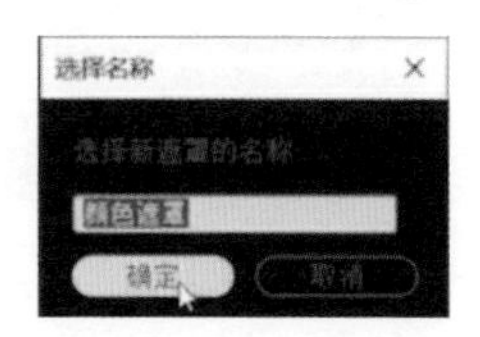

图4-3-20

【HD彩条】与【彩条】相似，但其更清晰，分辨率更高，输出高清视频时，HD彩条的效果更好。

在【新建项】菜单中选择【透明视频】选项，弹出图4-3-21所示的对话框，单击【确定】按钮，生成透明视频。透明视频完全透明，不会对其他素材产生影响。

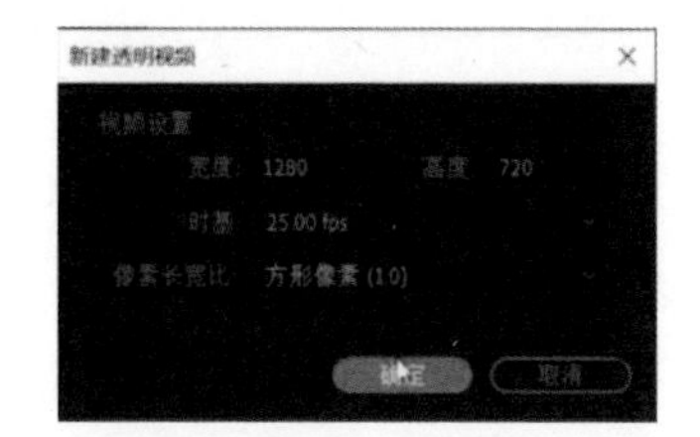

图4-3-21

在【新建项】菜单中选择【通用倒计时片头】选项，弹出图4-3-22所示的对话框。单击【确定】按钮，出现图4-3-23所示的对话框，在此对话框中可以对颜色等进行设置，单击【确定】按钮，完成通用倒计时片头的创建。

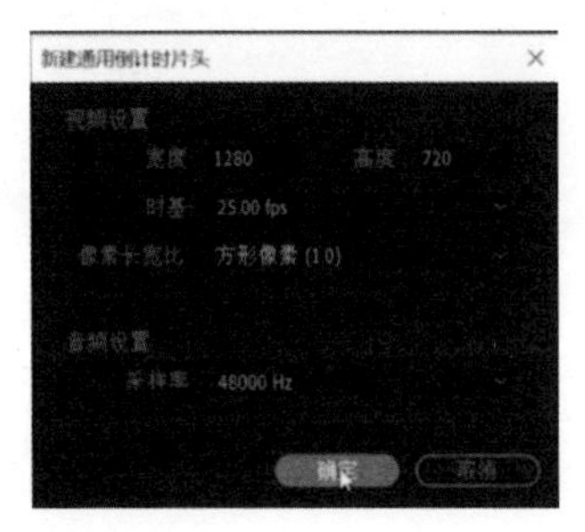

图4-3-22

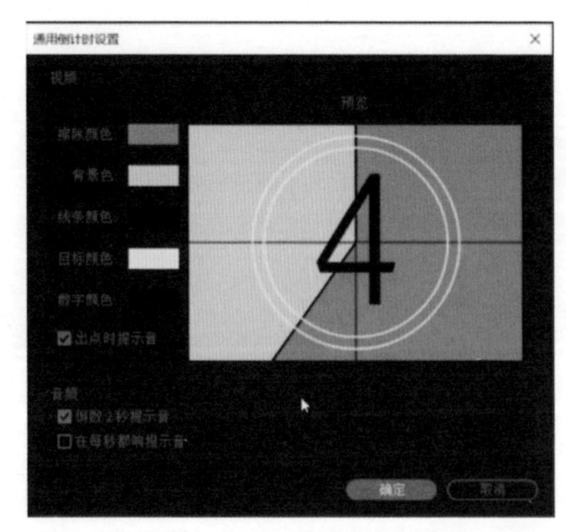

图4-3-23

第5章

◆◆◆◆◆

Premiere Pro字幕编辑与制作

在对图片或视频素材进行处理时，有时我们需要为其添加字幕。字幕在影视内容中占据着重要地位，不论是电影、电视剧还是纪录片，画面下方往往都有字幕。字幕以文字的形式起着帮助观众理解节目内容的作用。本章将介绍与字幕相关的工具的使用方法与技巧。

5.1

字幕工具基础

向【项目】面板导入一个图片素材，如图5-1-1所示。

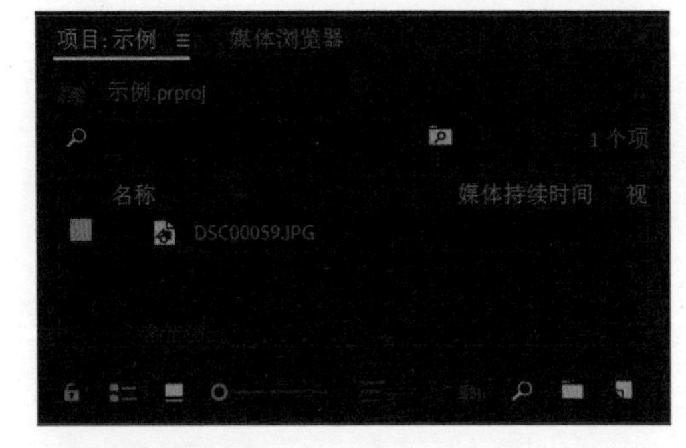

图5-1-1

单击并将其拖至【时间轴】面板中，如图5-1-2所示。

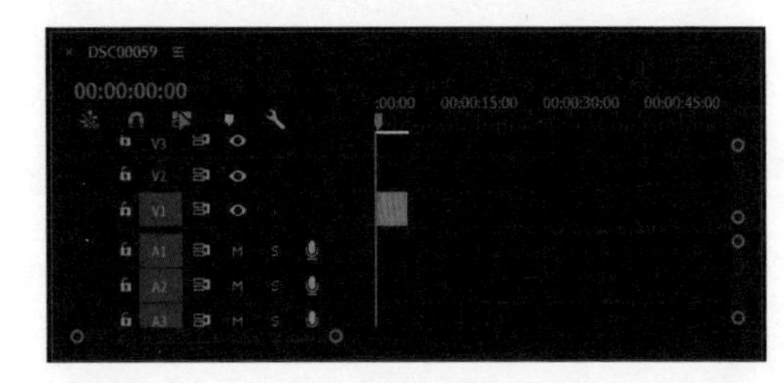

图5-1-2

常用的为素材添加字幕的方法有两种。

第一种方法较复杂。单击【项目】面板中的【新建项】按钮，在弹出的菜单中选择【字幕】选项，如图5-1-3所示。弹出图5-1-4所示的对话框，在该对话框中可以对字幕参数进行设置，详细操作将在后面进行讲解。

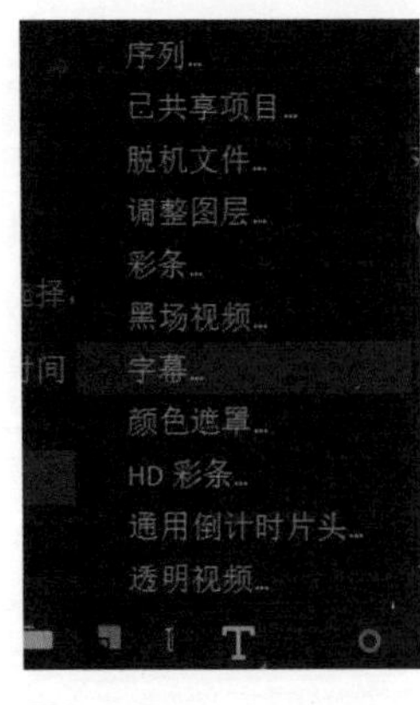

图5-1-3

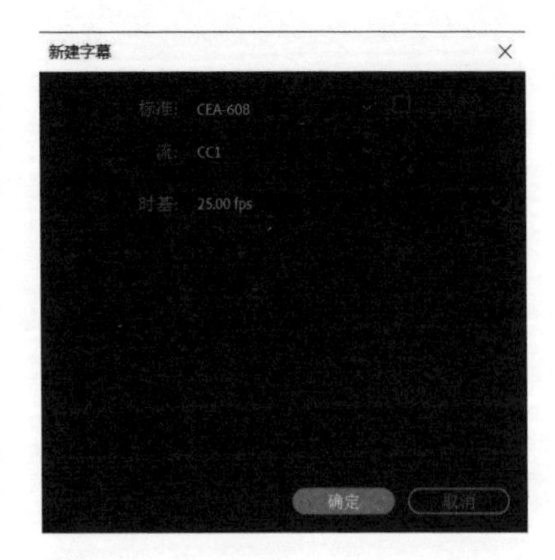

图5-1-4

第二种方法较直观，更适用于新手。在菜单栏中，选择【文件】>【新建】>【旧版标题】，如图5-1-5所示，弹出图5-1-6所示的对话框，在该对话框中可以对字幕参数进行设置。

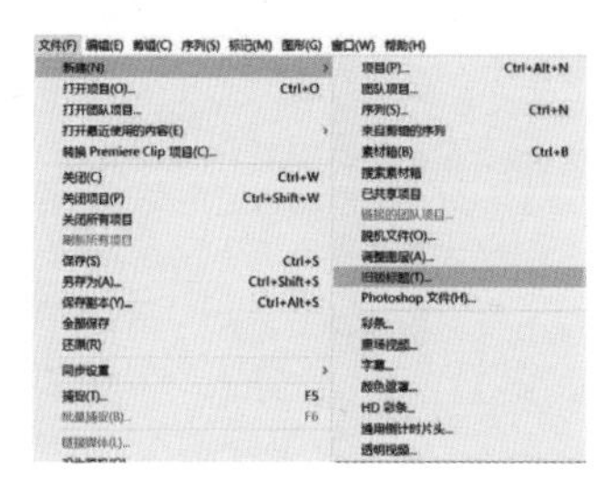

图5-1-5

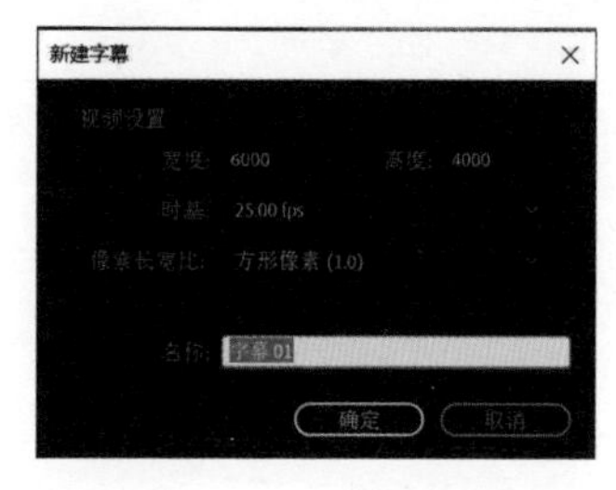

图5-1-6

单击【确定】按钮，弹出图5-1-7所示的对话框。

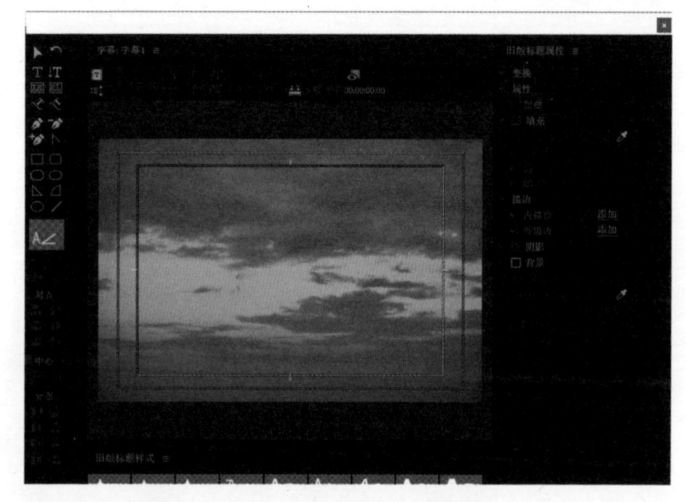

图5-1-7

图片素材的上方有两条矩形框线，如图5-1-8所示。当字幕添加在白色框线内时，字幕可以在画面中正常显示。

在该对话框左上角单击红框处的按钮可以对字幕的类型进行设置，如图5-1-9所示。

单击该按钮后，弹出图5-1-10所示的对话框，字幕可以分为3种类型：静止图像型、滚动型、游动型。

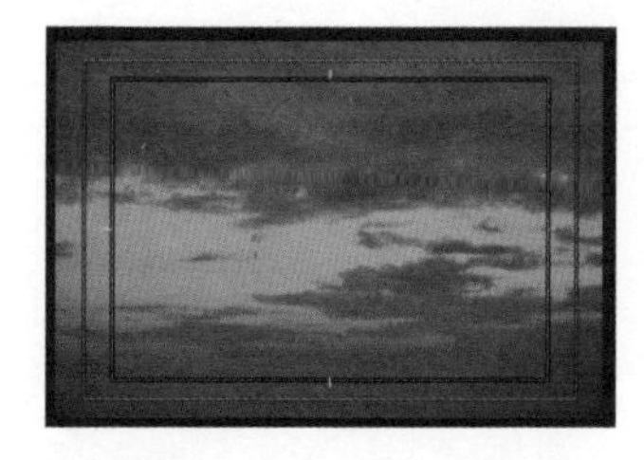

图5-1-8

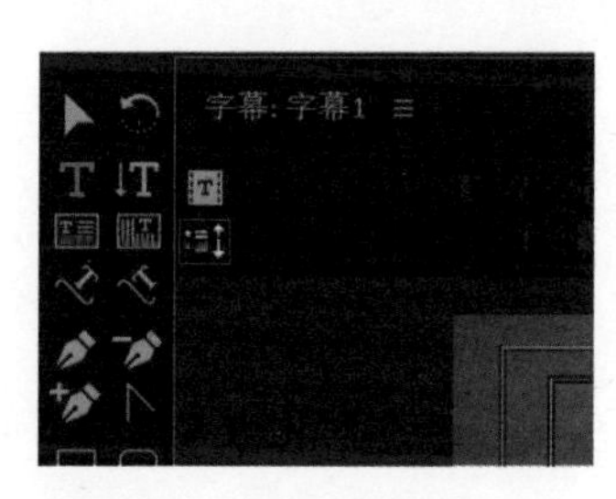

图5-1-9

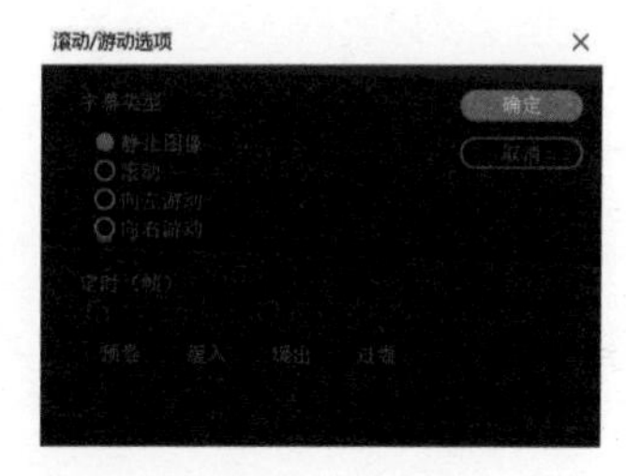

图5-1-10

- 静止图像型字幕在素材播放时不发生任何变化。
- 滚动型字幕适用于多行字幕，当素材播放时，多行字幕同步上下滚动播放。
- 游动型字幕适用于长字幕，当素材播放时长字幕同步游动播放。

单击【确定】按钮，可以开始创建字幕。

5.2 字幕工具的使用

本节将对字幕工具（如图5-2-1）进行介绍。

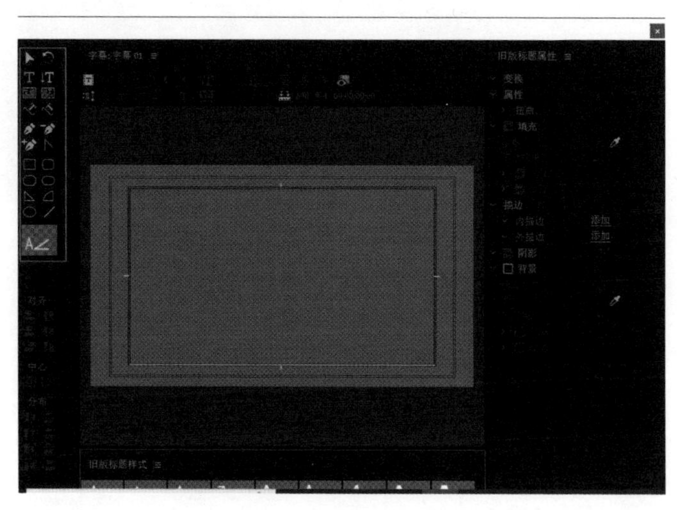

图5-2-1

- 【选择工具】：可以对字幕进行拖动、拉伸、缩放等操作。
- 【旋转工具】：字幕在选择状态下，使用该工具可以对字幕进行旋转。
- 【文字工具】：可以在需要添加字幕的位置添加水平字幕。
- 【垂直文字工具】：可以在需要添加字幕的位置添加垂直字幕。
- 【区域文字工具】：可以划分范围，添加字幕后仅在该区域有水平字幕显示。

- 【垂直区域文字工具】：可以划分范围 ，添加字幕后仅在该区域有垂直字幕显示。
- 【路径文字工具】：绘制文字水平排列的路径。
- 【垂直路径文字工具】：绘制文字垂直排列的竖直路径。
- 【钢笔工具】：可以绘制任意图形。
- 【删除锚点工具】：可以删除锚点。锚点是不同线段连接的转换点。
- 【添加锚点工具】：可以添加锚点。
- 【转换锚点工具】：可以对锚点进行角点和平滑点的转换。
- 【矩形工具】：可以绘制矩形。
- 【圆角矩形工具】：可以绘制圆角矩形。
- 【切角矩形工具】：可以绘制切角矩形。
- 【楔形工具】：可以绘制楔形。
- 【弧形工具】：可以绘制弧形。
- 【椭圆工具】：可以绘制椭圆形。
- 【直线工具】：可以绘制直线。

选择【文字工具】，添加字幕，如图5-2-2所示。

图5-2-2

单击右上角的叉号关闭该对话框，【项目】面板出现【字幕01】文件，如图5-2-3所示。双击该文件可再次打开字幕编辑对话框。

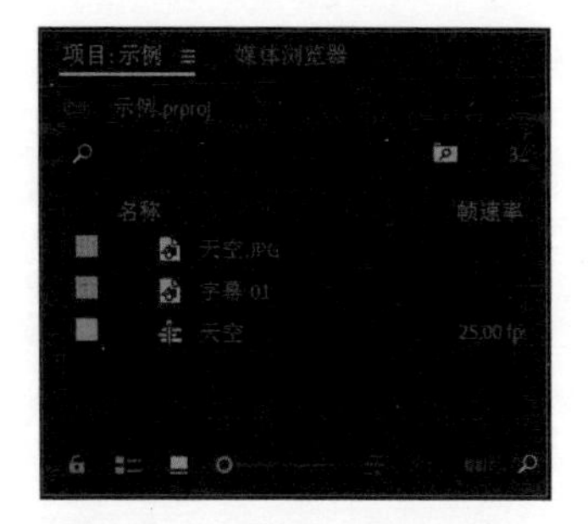

图5-2-3

左上角红框处按钮用于基于当前字幕新建字幕，如图5-2-4所示。单击后可以新建字幕，且新建字幕的字体类型、大小及位置等与当前字幕完全相同。

图5-2-4

该对话框上方的选项（见图5-2-5）可以对字幕的字体类型、大小、字间距、行间距、对齐方式等进行设置。

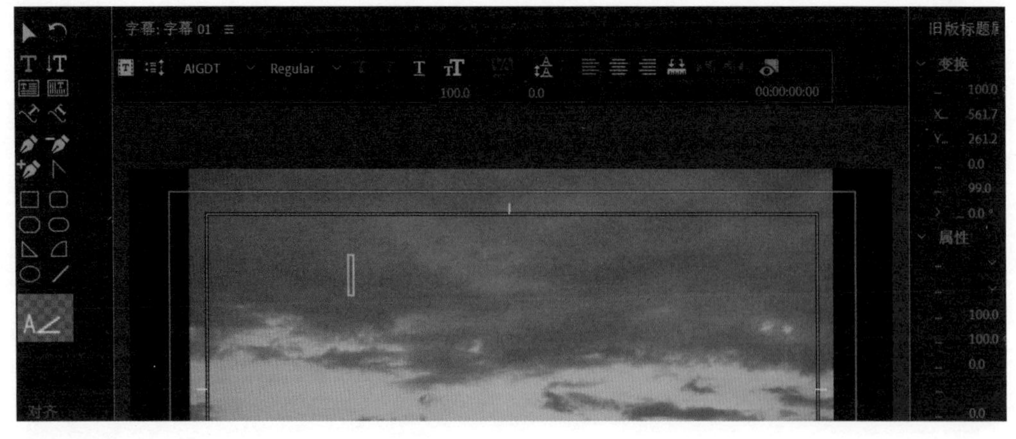

图5-2-5

当画面中有多个字幕存在时，可以通过对话框左边的选项（见图5-2-6）对它们的排列方式进行设置。

图5-2-6

创建另一个字幕，如图5-2-7所示，此时存在两个字幕。选中这两个字幕，如图5-2-8所示，单击图5-2-9所示红框中的按钮，对齐效果如图5-2-10所示。

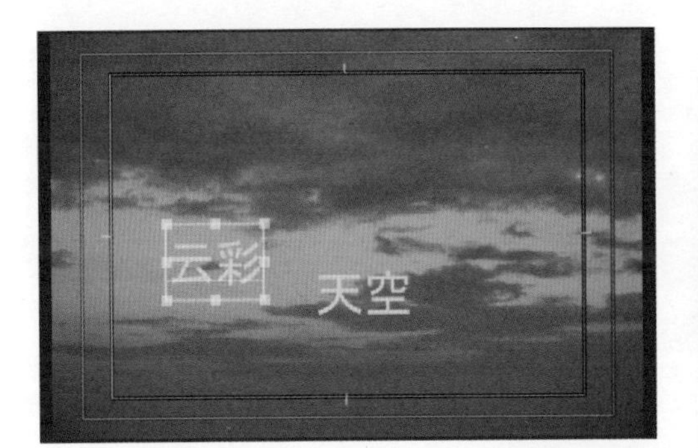

图5-2-7

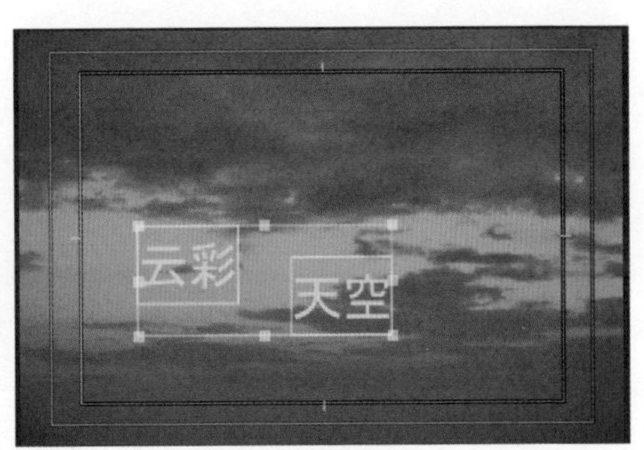

图5-2-8

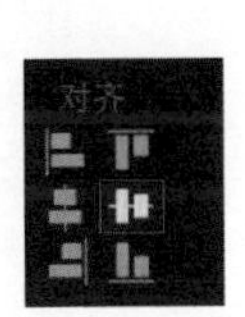

图5-2-9

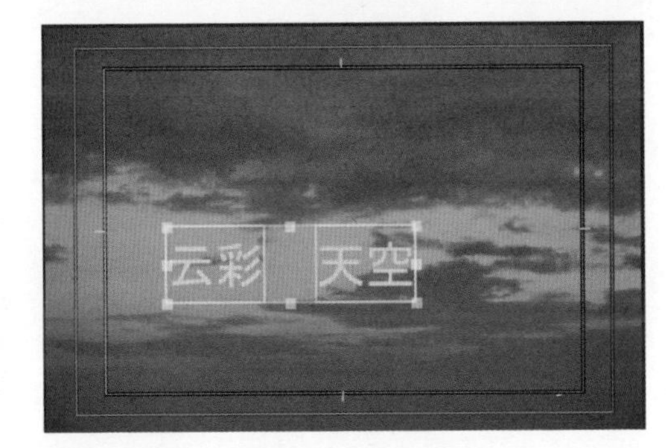

图5-2-10

单击图5-2-11所示的两个按钮，此时字幕位于图片正中心，如图5-2-12所示。

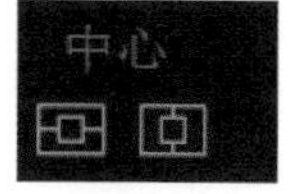

图5-2-11

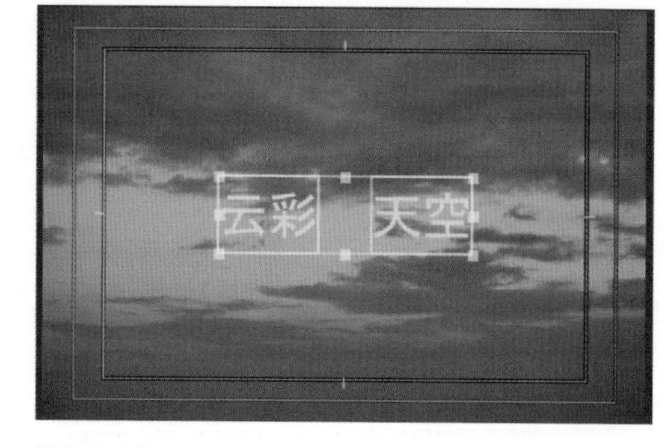

图5-2-12

利用【直线工具】添加两条直线并将其与文字全部选中，如图5-2-13所示，单击图5-2-14所示红框中的按钮，字幕分布如图5-2-15所示。

图5-2-13

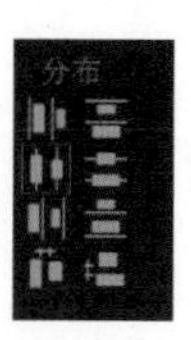

图5-2-14

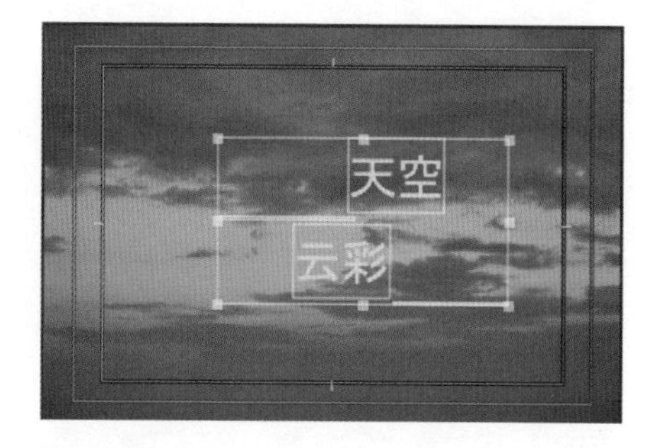

图5-2-15

接下来介绍对话框右边的旧版标题属性栏（见图5-2-16）。

在【变换】板块中，我们可以对字幕的不透明度、位置、大小及角度进行调整，如图5-2-17所示。

在【属性】板块中，可以对字体系列、样式、大小、排列方式等进行调整，如图5-2-18所示。

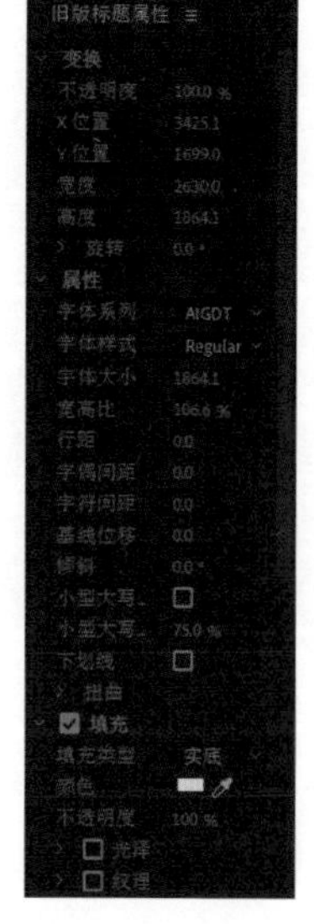

图5-2-16

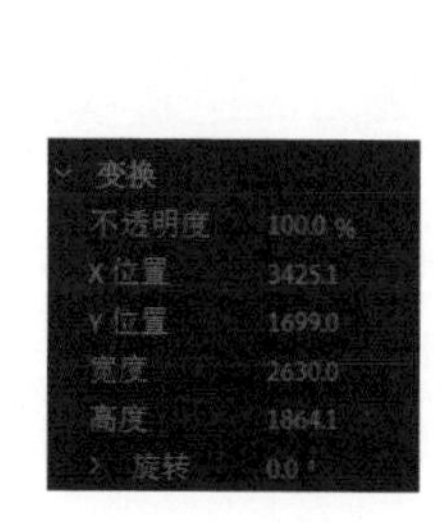

图5-2-17

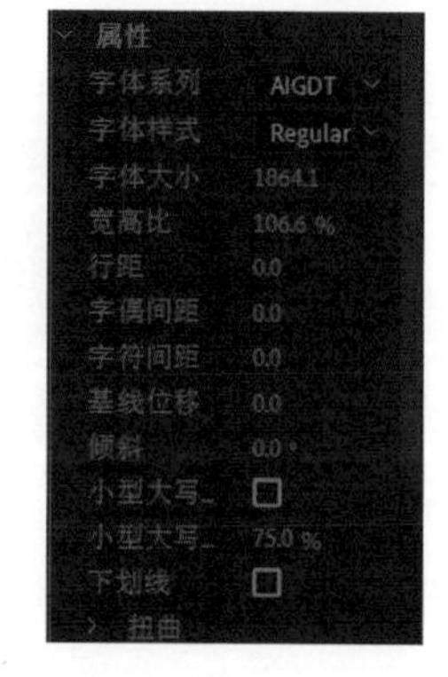

图5-2-18

在【填充】板块中，可以对字体的颜色、填充方式、不透明度、光泽、纹理等进行调整，如图5-2-19所示。

在【描边】板块中，可以对字体添加内描边或外描边，如图5-2-20所示。添加内描边和外描边后，字幕效果如图5-2-21所示。

图5-2-19

图5-2-20

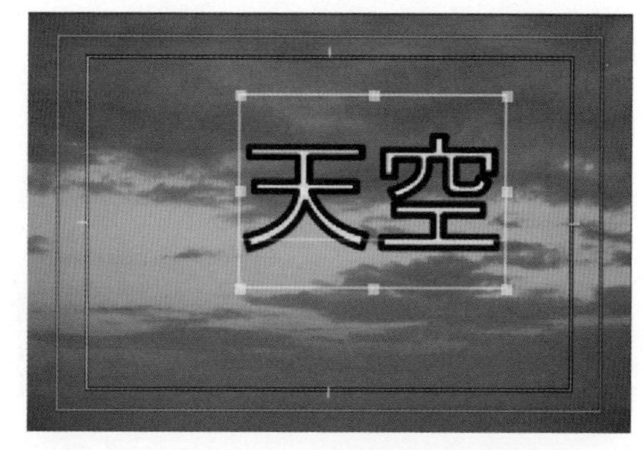

图5-2-21

在【背景】板块中，可以为字幕添加背景并进行设置，如图5-2-22所示。

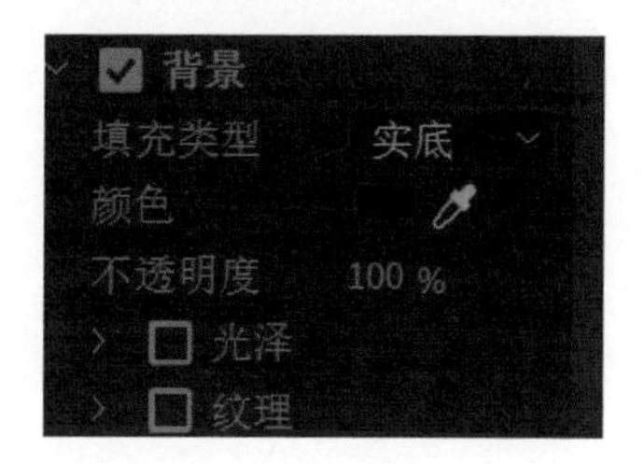

图5-2-22

5.3 滚动字幕的原理及应用

5.1节介绍了字幕可以分为3种类型：静止图像型、滚动型、游动型。本节将具体介绍滚动型字幕的原理及使用方法。

在日常生活中，滚动型字幕往往在影片开头用于故事背景介绍或在结尾展现演职人员表。

新建【序列01】，如图5-3-1所示。

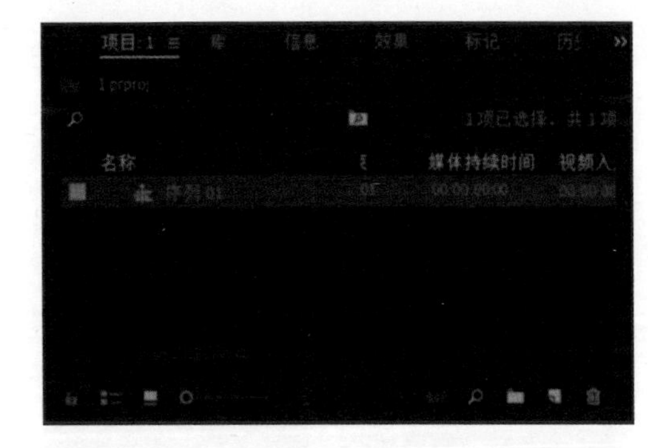

图5-3-1

在菜单栏中，选择【文件】>【新建】>【旧版标题】，如图5-3-2所示。

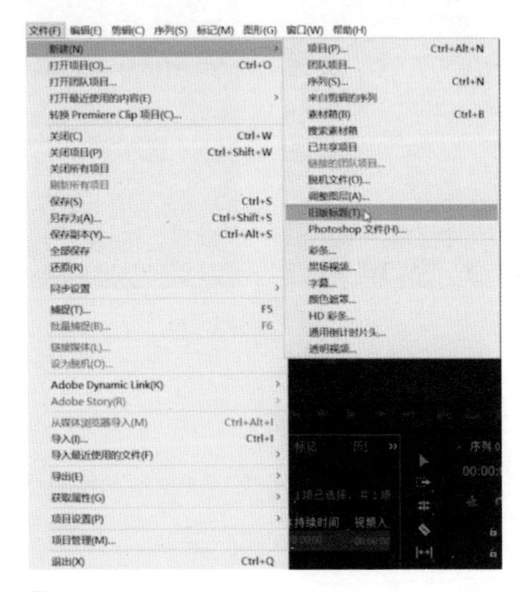

图5-3-2

在弹出的图5-3-3所示的对话框中，单击【确定】按钮。

复制一段长文字至字幕编辑对话框中，如图5-3-4所示。

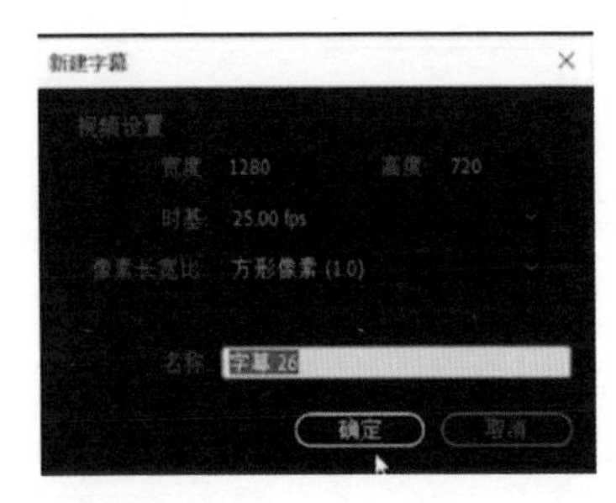

图5-3-3

图5-3-4

右击，弹出图5-3-5所示的快捷菜单。

选择【自动换行】选项，此时文字框自动适应屏幕大小，如图5-3-6所示。

图5-3-5

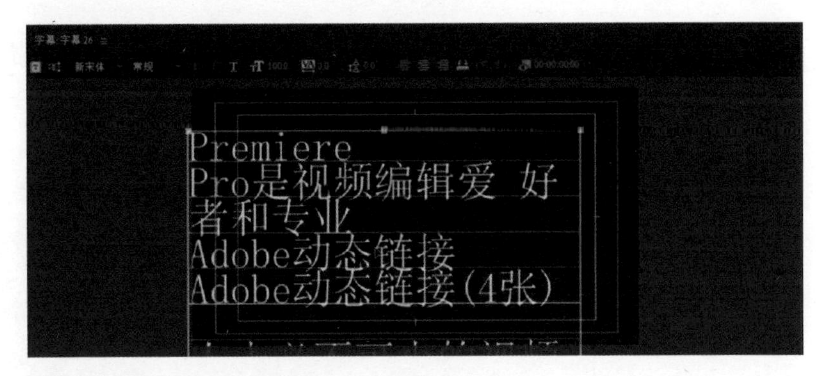

图5-3-6

调整文字框的大小，如图5-3-7所示。

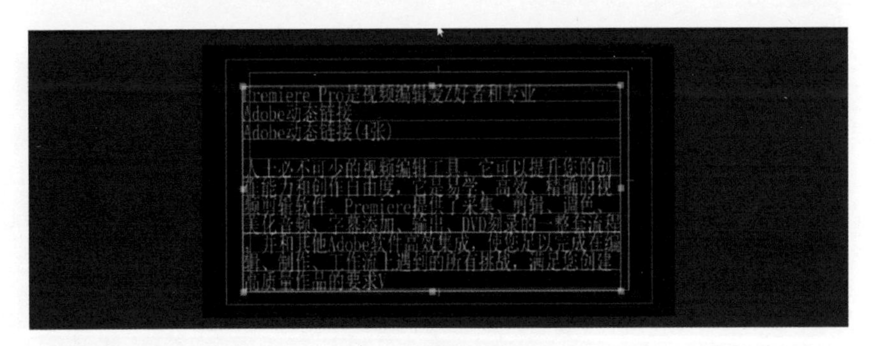

图5-3-7

利用对话框上方的选项增加行间距至83.0，如图5-3-8所示。

打开【滚动/游动选项】对话框，设置字幕类型为【滚动】，单击【确定】按钮，如图5-3-9所示。

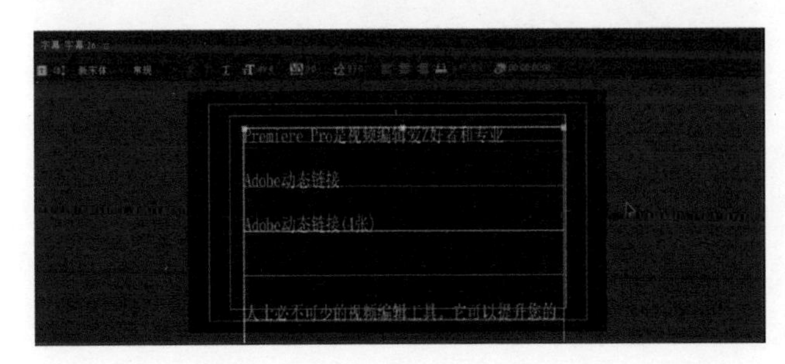

图5-3-8

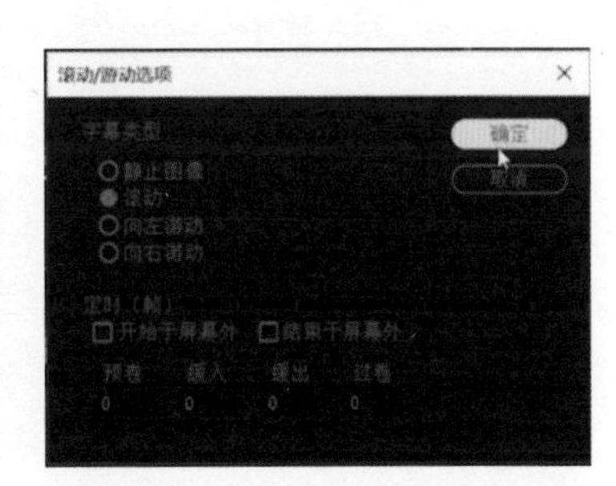

图5-3-9

设置滚动型字幕后字幕编辑对话框中显示的效果如图5-3-10所示，在对话框右侧出现滚动条。

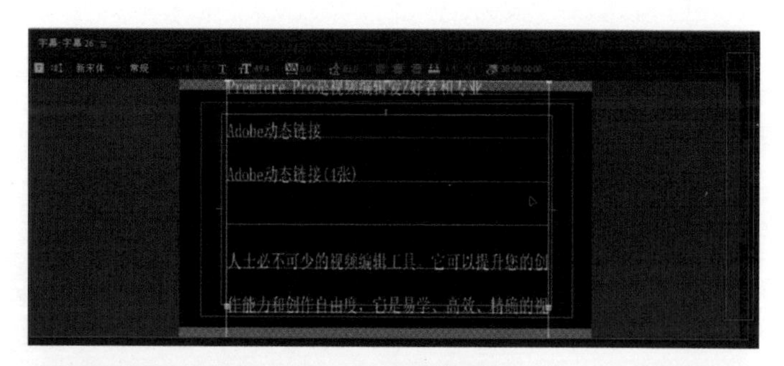

图5-3-10

移动滚动条，字幕也随之滚动。当滚动条在最上方时，显示滚动型字幕初始位置的效果，如图5-3-11所示；当滚动条在最下方时，显示滚动型字幕终止位置的效果，如图5-3-12所示。

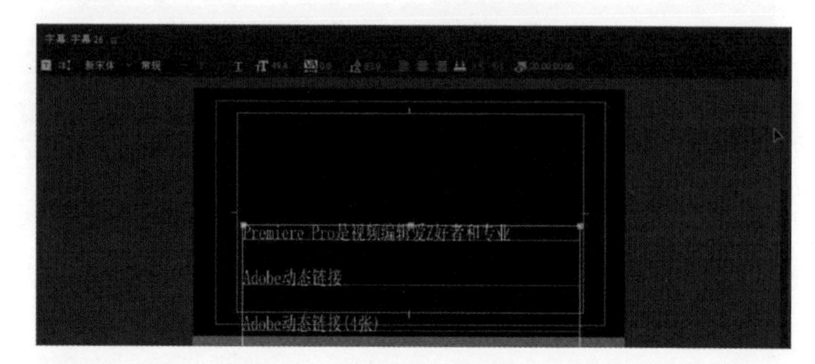

图5-3-11

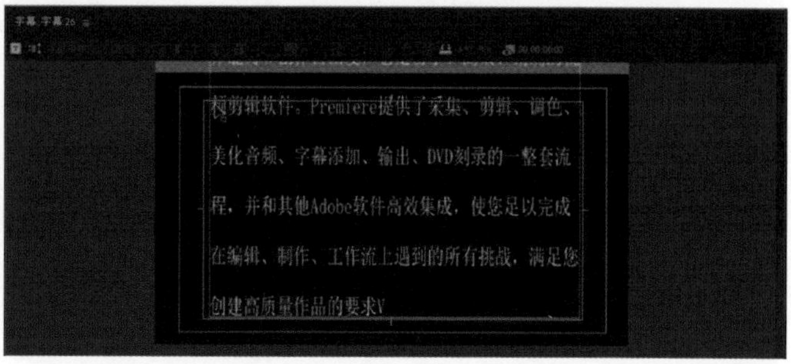

图5-3-12

退出字幕编辑对话框，此时可以在【节目】面板中看到滚动型字幕自下而上进行显示的效果，如图5-3-13所示。

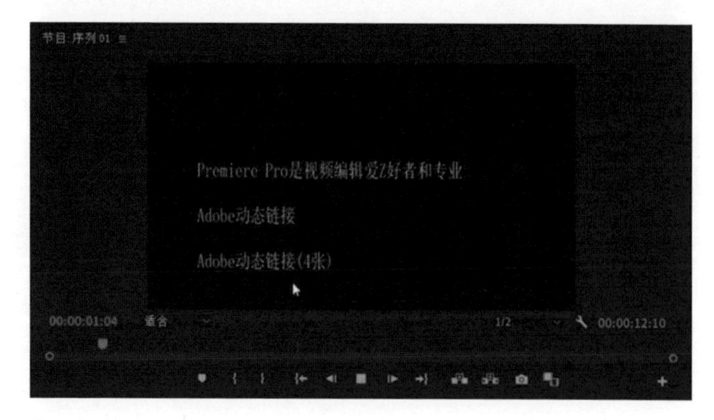

图5-3-13

在【滚动/游动选项】对话框中的【字幕类型】板块下方，可以对字幕停留时间进行设定，如图5-3-14所示。

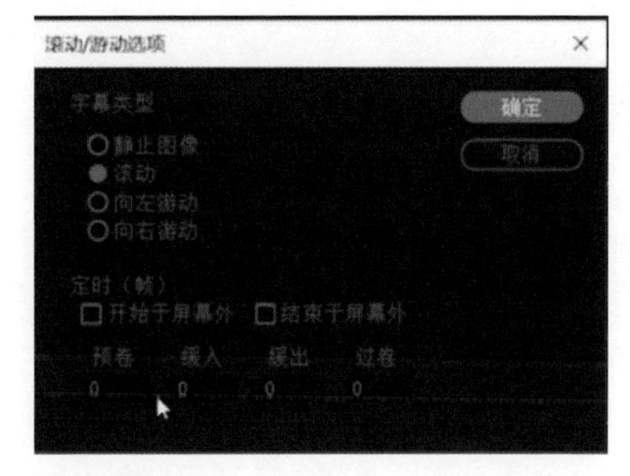

图5-3-14

- 预卷：在指定的开始点之前进行播放的时间。
- 缓入：字幕刚显示出来时比较慢，然后慢慢地加速显示，类似于匀加速运动。
- 缓出：一开始字幕消失得比较慢，然后慢慢地变快，类似于匀减速运动。
- 过卷：字幕显示完后没有字幕的帧数。

勾选【开始于屏幕外】复选框，【预卷】失效；勾选【结束于屏幕外】复选框，【过卷】失效。

游动型字幕的原理与滚动型字幕的原理完全相同，如果读者想深入了解字幕设置，最好是自己多进行尝试。

第6章

◆◆◆◆◆

Premiere Pro特效制作

在处理视频素材的过程中，为达到丰富多彩的视频效果，有时需要添加特效，本章将详细介绍 Premiere Pro 各式各样的常见特效工具及其使用方法。

6.1

蒙版工具

3.2节简单介绍了蒙版工具，使用它可以对素材的效果产生一定范围内的约束，并且这些蒙版可以对素材进行自动追踪。

在后期制作中，有时需要对视频中的某个角色或物品进行模糊处理。这时就可以用蒙版对其进行遮挡。当角色或物品发生移动时，蒙版也会随其移动。下面具体介绍蒙版工具的使用方法。

在【项目】面板空白处双击，导入一个视频素材，如图6-1-1所示。

图6-1-1

单击并将其拖至【节目】面板中，如图6-1-2所示。

图6-1-2

进入【效果】面板（选择【窗口】>【效果】，如图6-1-3所示）如图6-1-4所示。该面板中有很多对素材进行处理的特效操作。

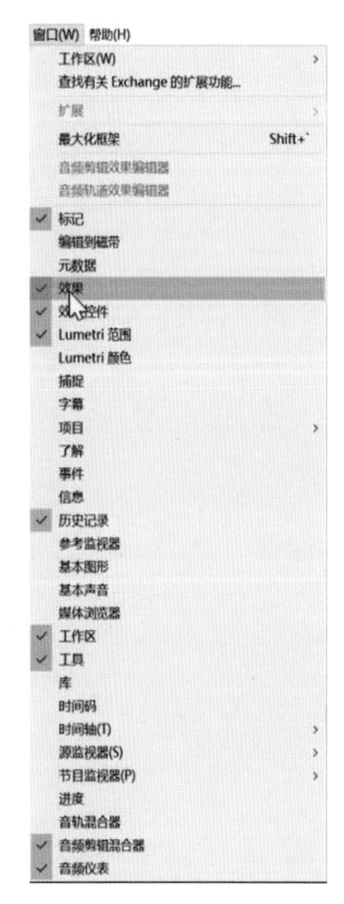

图6-1-3

图6-1-4

在【效果】面板中，选择【视频效果】>【扭曲】>【旋转扭曲】，如图6-1-5所示，将其拖至【时间轴】面板中素材的上方，此时【效果控件】面板中出现一栏【旋转扭曲】，如图6-1-6所示。

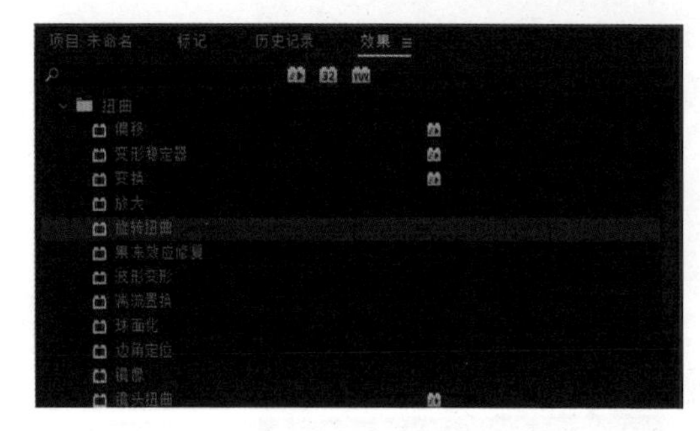

图6-1-5

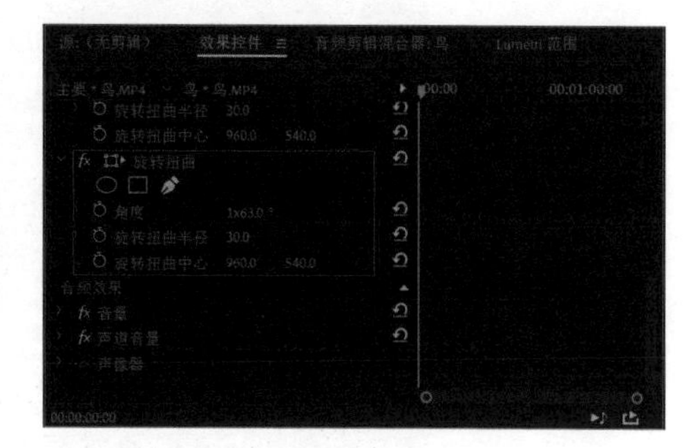

图6-1-6

调节【角度】为1×63°，素材发生图6-1-7所示的变化。

图6-1-7

单击【创造椭圆形蒙版】按钮，此时素材上方出现一个椭圆形边框，如图6-1-8所示，并且特效仅作用于椭圆形边框范围内。再次调节【角度】，效果如图6-1-9所示。

图6-1-8

图6-1-9

单击椭圆形边框，可以对其范围进行调节，如图6-1-10所示，特效作用范围随蒙版大小的改变而改变。

图6-1-10

删除椭圆形蒙版，单击【创建4点多边形蒙版】按钮，此时素材上方出现一个矩形边框，如图6-1-11所示。

图6-1-11

用鼠标拖动矩形蒙版的4个顶点，可以调节蒙版范围，如图6-1-12所示。

图6-1-12

用鼠标拖动4点多边形蒙版上方的空心圆，如图6-1-13所示，蒙版边缘羽化范围扩大。

图6-1-13

羽化可以实现虚化蒙版区域内外衔接部分的作用，呈现自然衔接的效果。图6-1-14所示为未羽化的效果，图6-1-15所示为羽化后的效果。

图6-1-14

图6-1-15

在【效果控件】面板还可以设置蒙版的不透明度，如图6-1-16所示。当蒙版的不透明度为100%时，蒙版范围内的特效完全显示；当蒙版的不透明度为0%时，蒙版范围内的特效完全不显示。

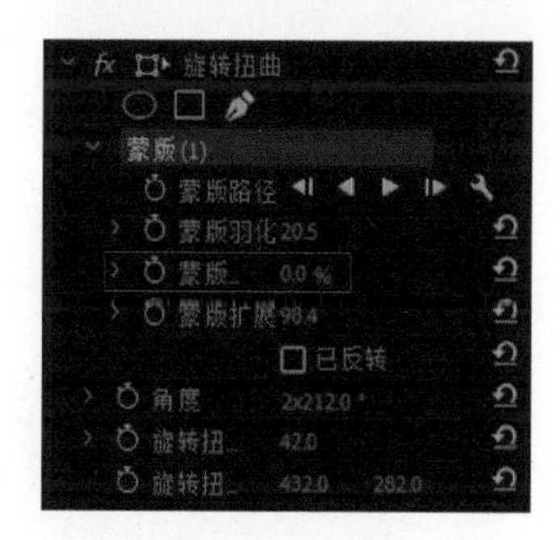

图6-1-16

【蒙版扩展】指的是蒙版的范围，该数值越大，蒙版的范围越大。

勾选【已反转】复选框，此时特效仅作用于蒙版外的区域，如图6-1-17所示。

图6-1-17

如果我们需要让蒙版跟随某个角色或物品移动，使其始终位于蒙版区域之中。这时需要运用到蒙版路径（见图6-1-18）。

在【效果】面板中选择【视频效果】>【模糊与锐化】>【高斯模糊】，并将其拖至【时间轴】面板中素材的上方，添加椭圆形蒙版，调节【模糊度】为40.0，此时效果显示如图6-1-19所示。

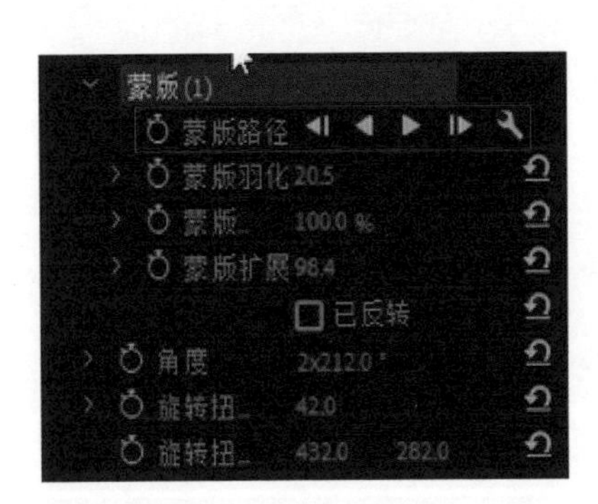

图6-1-18

图6-1-19

在【效果控件】面板中，单击【向前跟踪所选蒙版】（即蒙版路径右侧的向右箭头），Premiere Pro能够很容易地跟踪运动，如图6-1-20和图6-1-21所示。若跟踪过程中蒙版停止跟踪剪辑，单击【停止】按钮，调整蒙版位置，再次开始跟踪。

图6-1-20

Premiere Pro还可以向后跟踪所选蒙版，可以在一个剪辑的中间任意位置，沿着两个方向进行跟踪。

图6-1-21

6.2 变换与图像控制

在【项目】面板空白处双击，导入一个视频素材，如图6-2-1所示。

单击并将该素材拖至【节目】面板中，如图6-2-2所示。

图6-2-1

图6-2-2

【效果】面板中的【视频效果】>【变换】文件夹下，共包含4种视频特效，如图6-2-3所示。

选择【垂直翻转】选项，将其拖至【时间轴】面板中素材的上方，素材上下翻转，如图6-2-4所示。

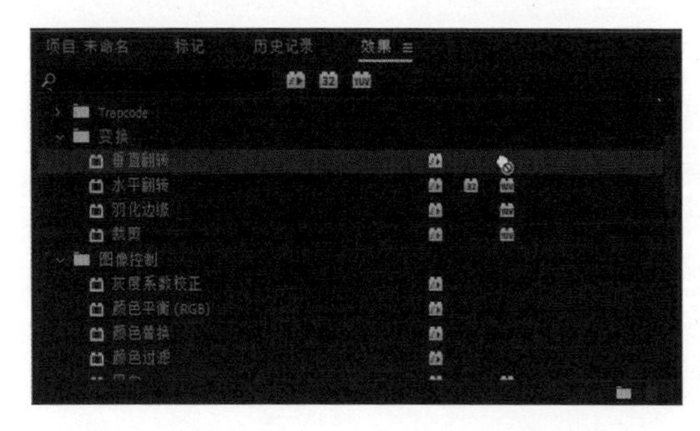

图6-2-3

图6-2-4

【水平翻转】效果与【垂直翻转】效果相似，使用后素材发生左右翻转。

选择【羽化边缘】选项，将其拖至【时间轴】面板中素材的上方，在【效果控件】面板中调节【数量】为24，素材发生图6-2-5所示的变化。

图6-2-5

选择【裁剪】选项，将其拖至【时间轴】面板中素材的上方，在【效果控件】面板中可以设置【裁剪】效果的参数，如图6-2-6所示。

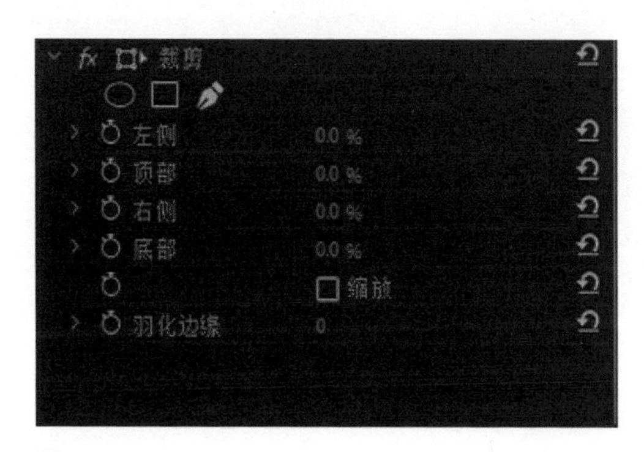

图6-2-6

将参数调整至图6-2-7所示，此时素材发生图6-2-8所示的变化。

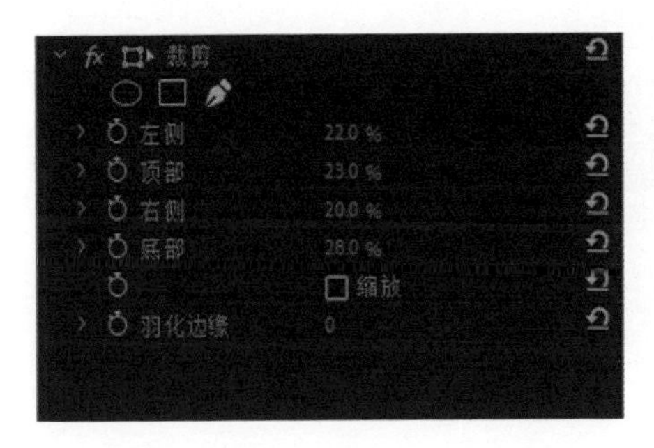

图6-2-7

图6-2-8

勾选【缩放】复选框，【节目】面板中裁剪后的素材延展至原来的大小，如图6-2-9所示。

【效果】面板的【视频效果】>【图像控制】文件夹下，共包含5种视频特效，如图6-2-10所示。

图6-2-9

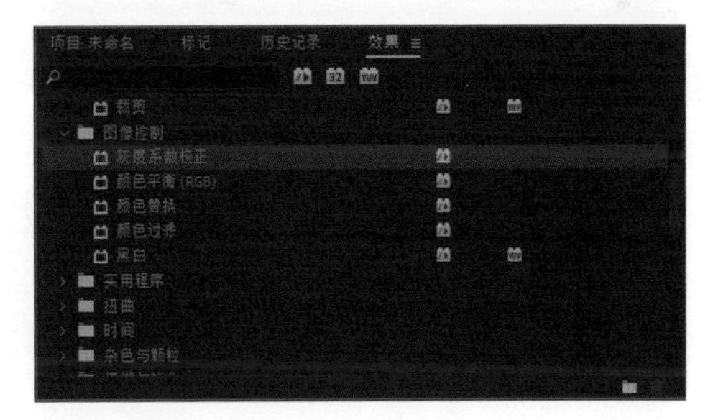

图6-2-10

选择【灰度系数校正】选项，将其拖至【时间轴】面板中素材的上方，此时可以对素材进行曝光度的调节，灰度系数越高，画面越暗。当灰度系数调节至25时，素材发生图6-2-11所示的变化。

选择【颜色平衡（RGB）】选项，将其拖至【时间轴】面板中素材的上方，此时在【效果控件】面板中可以按RGB颜色模式对素材的颜色进行调节，如图6-2-12所示。

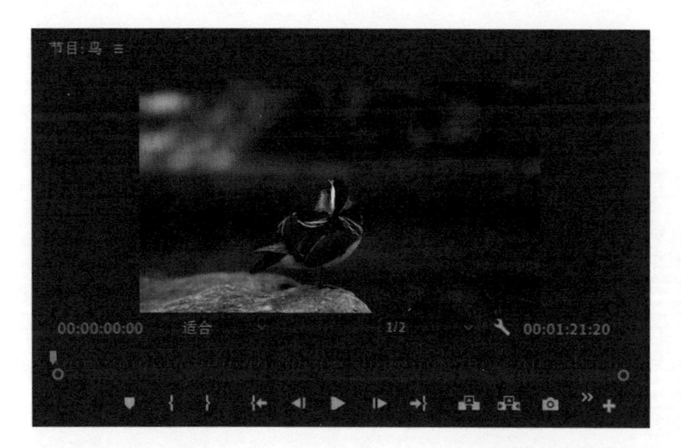

图6-2-11

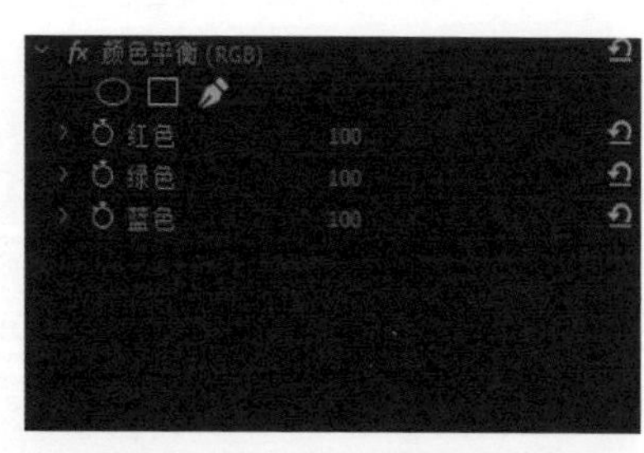

图6-2-12

当把【蓝色】调整至40时，素材发生图6-2-13所示的变化。

图6-2-13

选择【颜色替换】选项，将其拖至【时间轴】面板中素材的上方，此时可以将素材中的一个颜色替换成另一个颜色，并保证颜色灰度级不变。

在【效果控件】面板中设置【目标颜色】与【替换颜色】，如图6-2-14所示，此时素材发生图6-2-15所示的变化。

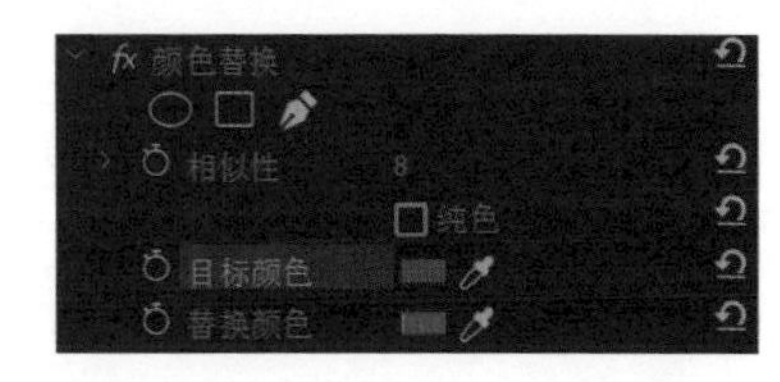

图6-2-14

图6-2-15

选择【颜色过滤】选项，将其拖至【时间轴】面板中素材的上方，此时素材转变成灰度图像，如图6-2-16所示，也可以选择仅保留一个特定的颜色。

图6-2-16

在【效果控件】面板中设置【颜色】为黄色，如图6-2-17所示，此时素材发生图6-2-18所示的变化。

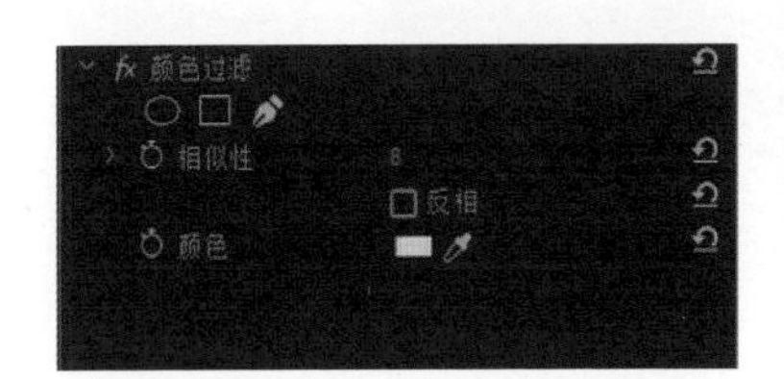

图6-2-17

图6-2-18

选择【黑白】选项，将其拖至【时间轴】面板中素材的上方，此时素材转变成灰度图像，如图6-2-19所示。

图6-2-19

6.3

扭曲

【效果】面板的【视频效果】>【扭曲】文件夹下，共包含12种视频特效，如图6-3-1所示。

选择【偏移】选项，将其拖至【时间轴】面板中素材的上方，此时可以对素材进行复制，然后将其偏移位置，并调整混合效果，如图6-3-2所示。

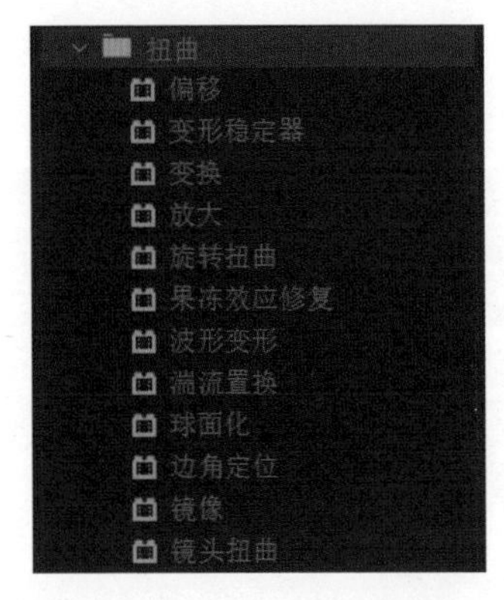

图6-3-1

图6-3-2

改变中心位置，此时素材发生图6-3-3所示的变化。

图6-3-3

选择【变形稳定器】选项，将其拖至【时间轴】面板中素材的上方，此时Premiere Pro自动对素材进行分析剪辑以减少抖动，如图6-3-4所示。

选择【变换】选项，将其拖至【时间轴】面板中素材的上方，此时可以对素材进行二维平面上的几何变换。在【效果控件】面板中可以进行图6-3-5所示的参数调整。

图6-3-4

图6-3-5

调整参数至图6-3-6所示，素材发生图6-3-7所示的变化。

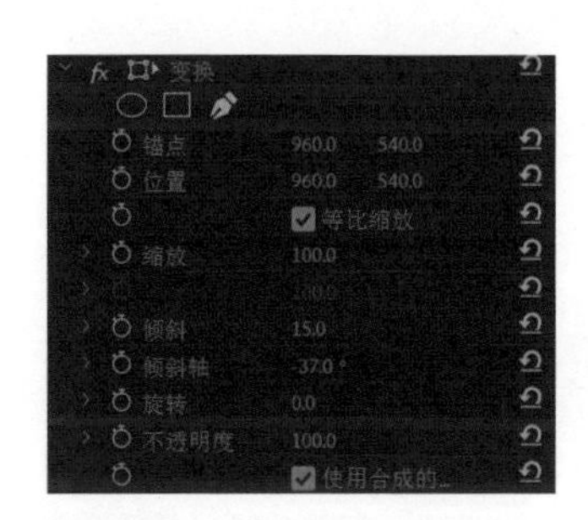

图6-3-6

图6-3-7

选择【放大】选项，将其拖至【时间轴】面板中素材的上方，此时可以将素材的任意位置在圆形或方形区域放大。

在【效果控件】面板中调节【放大】特效参数，如图6-3-8所示，素材发生图6-3-9所示的变化。

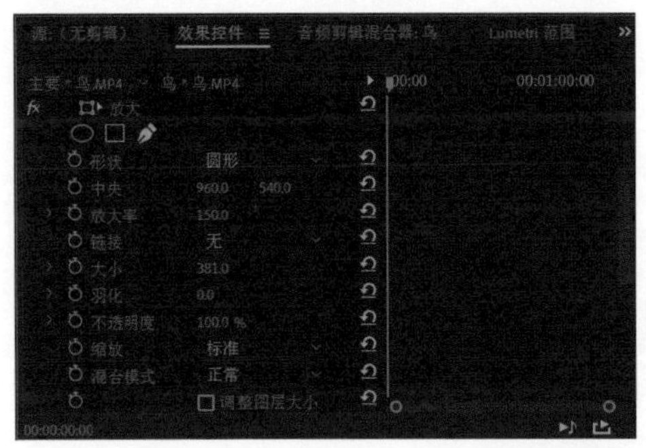

图6-3-8

图6-3-9

选择【旋转扭曲】选项，将其拖至【时间轴】面板中素材的上方，此时可以将素材绕其任意位置进行旋转扭曲。

在【效果控件】面板中调节【旋转扭曲】特效参数，如图6-3-10所示，素材发生图6-3-11所示的变化。

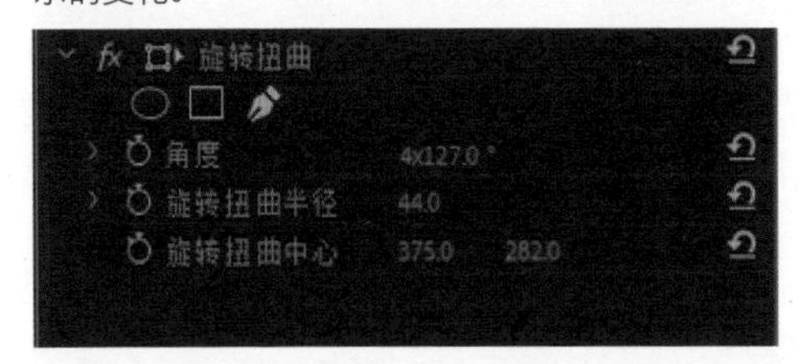

图6-3-10

图6-3-11

选择【果冻效应修复】选项，将其拖至【时间轴】面板中素材的上方，此时Premiere Pro对素材的果冻效应自动进行修复。

选择【波形变形】选项，将其拖至【时间轴】面板中素材的上方，此时可以将素材变形为波形。

在【效果控件】面板中调节【波形变形】特效参数，如图6-3-12所示，素材发生图6-3-13所示的变化。

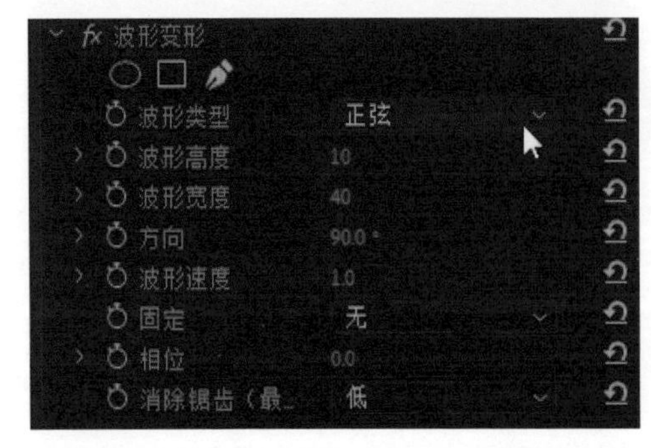

图6-3-12

图6-3-13

选择【湍流置换】选项，将其拖至【时间轴】面板中素材的上方，此时可以使素材画面呈现在水中的效果。

在【效果控件】面板中调节【湍流置换】特效参数，如图6-3-14所示，素材发生图6-3-15所示的变化。

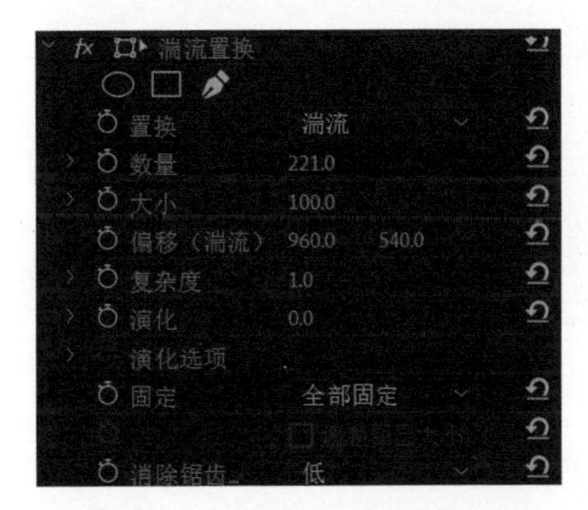

图6-3-14

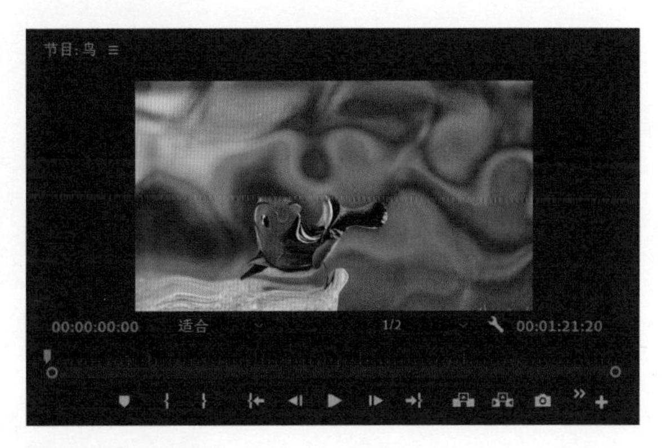

图6-3-15

选择【球面化】选项，将其拖至【时间轴】面板中素材的上方，此时可以使素材的局部画面呈现球面效果。

在【效果控件】面板中调节【球面化】特效参数，如图6-3-16所示，素材发生图6-3-17所示的变化。

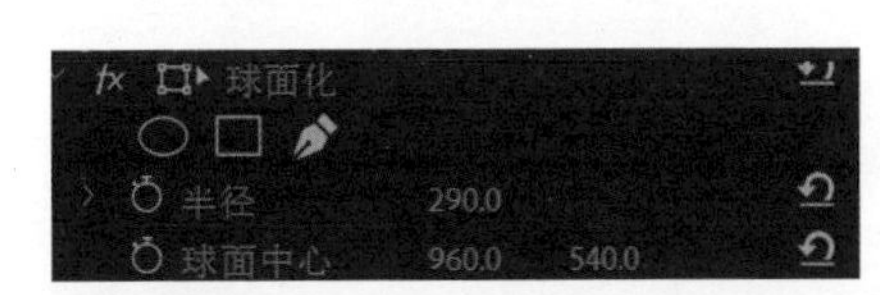

图6-3-16

图6-3-17

选择【边角定位】选项，将其拖至【时间轴】面板中素材的上方，此时可以改变素材画面4个顶点的位置，从而产生画面变形的效果。

在【效果控件】面板中调节【边角定位】特效参数，如图6-3-18所示，素材发生图6-3-19所示的变化。

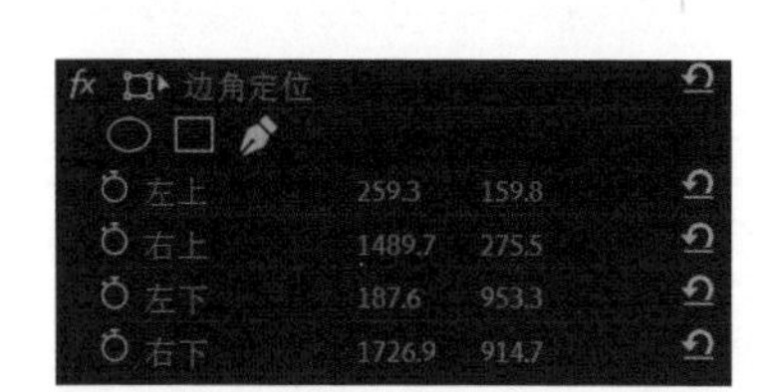

图6-3-18

图6-3-19

选择【镜像】选项，将其拖至【时间轴】面板中素材的上方，此时可以使素材画面沿某一轴线产生镜像效果。

在【效果控件】面板中调节【镜像】特效参数，如图6-3-20所示，素材发生图6-3-21所示的变化。

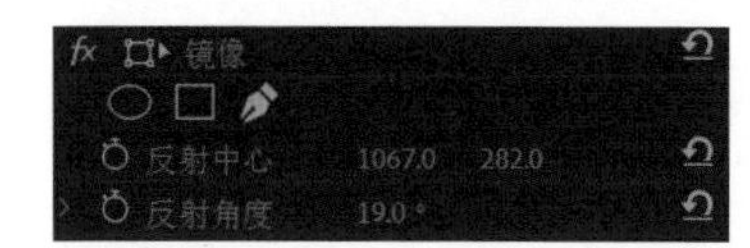

图6-3-20

图6-3-21

选择【镜头扭曲】选项，将其拖至【时间轴】面板中素材的上方，此时可以使素材画面呈现镜头扭曲的效果。

在【效果控件】面板中调节【镜头扭曲】特效参数，如图6-3-22所示，素材发生图6-3-23所示的变化。

图6-3-22

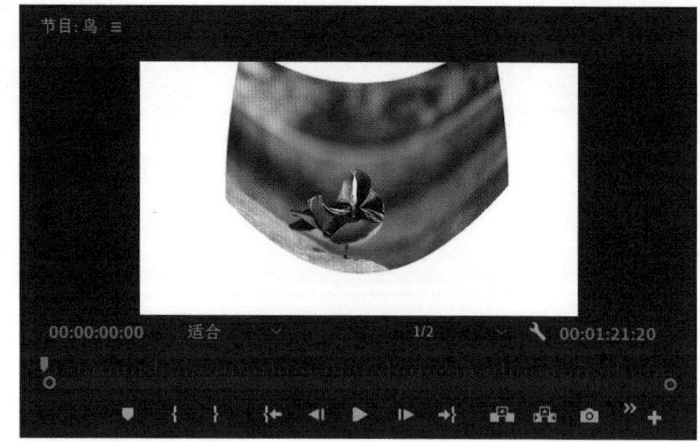

图6-3-23

6.4

时间、杂色与颗粒、模糊与锐化

【效果】面板的【视频效果】>【时间】文件夹下，共包含两种视频特效，如图6-4-1所示。

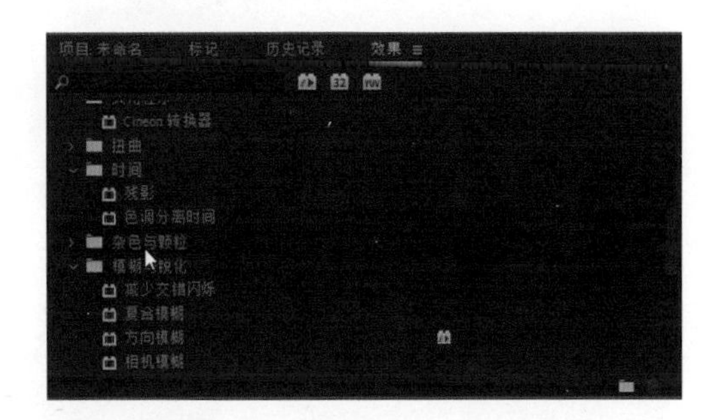

图6-4-1

选择【残影】选项，将其拖至【时间轴】面板中素材的上方，此时可以使素材画面呈现重影效果。

在【效果控件】面板中调节【残影】特效参数，如图6-4-2所示，素材发生图6-4-3所示的变化。

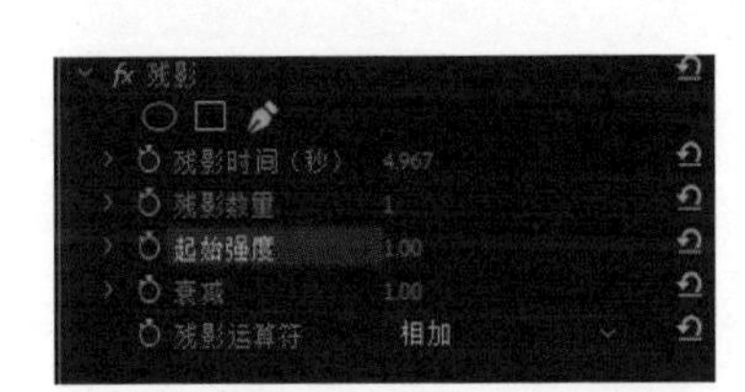

图6-4-2

图6-4-3

选择【色调分离时间】选项，将其拖至【时间轴】面板中素材的上方，此时可以使素材画面呈现降帧的效果。

【效果】面板的【视频效果】>【杂色与颗粒】文件夹下，共包含6种视频特效，如图6-4-4所示。

图6-4-4

选择【中间值】选项，将其拖至【时间轴】面板中素材的上方，此时素材呈现类似溶解的效果，如图6-4-5所示。

图6-4-5

选择【杂色】选项，将其拖至【时间轴】面板中素材的上方，此时Premiere Pro对素材进行杂色处理，效果如图6-4-6所示。

图6-4-6

选择【杂色Alpha】选项，将其拖至【时间轴】面板中素材的上方，此时Premiere Pro在Alpha通道上对素材进行杂色处理，效果如图6-4-7所示。

图6-4-7

选择【杂色HLS】选项，将其拖至【时间轴】面板中素材的上方，此时Premiere Pro从色相、亮度、饱和度等方面对素材进行杂色处理，效果如图6-4-8所示。

图6-4-8

选择【杂色HLS自动】选项，将其拖至【时间轴】面板中素材的上方，此时Premiere Pro从色相、亮度、饱和度等方面对素材进行杂色处理，效果与【杂色HLS】类似。

选择【蒙尘与划痕】选项，将其拖至【时间轴】面板中素材的上方，效果与【中间值】类似，图像呈现类似溶解的效果，如图6-4-9所示。

图6-4-9

【效果】面板的【视频效果】>【模糊与锐化】文件夹下，共包含8种视频特效，如图6-4-10所示。

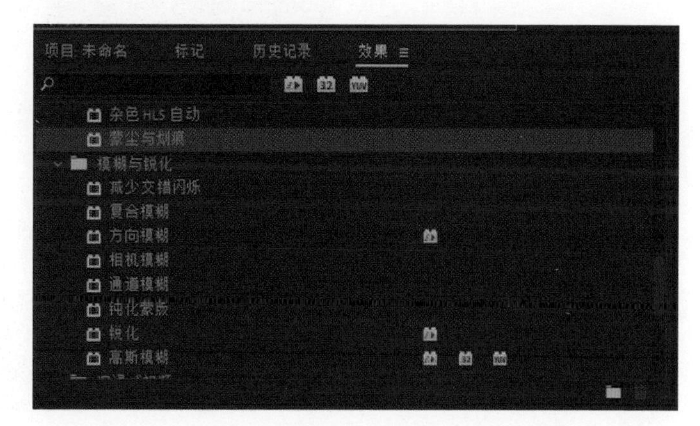

图6-4-10

选择【减少交错闪烁】选项，将其拖至【时间轴】面板中素材的上方，此时Premiere Pro对素材进行重影模糊，效果如图6-4-11所示。

图6-4-11

选择【复合模糊】选项，将其拖至【时间轴】面板中素材的上方，此时素材画面呈现马赛克效果，如图6-4-12所示。

图6-4-12

选择【方向模糊】选项，将其拖至【时间轴】面板中素材的上方，此时素材画面呈现方向性模糊效果，如图6-4-13所示。

图6-4-13

选择【相机模糊】选项，将其拖至【时间轴】面板中素材的上方，此时素材画面呈现相机焦距外的图像模糊效果，如图6-4-14所示。

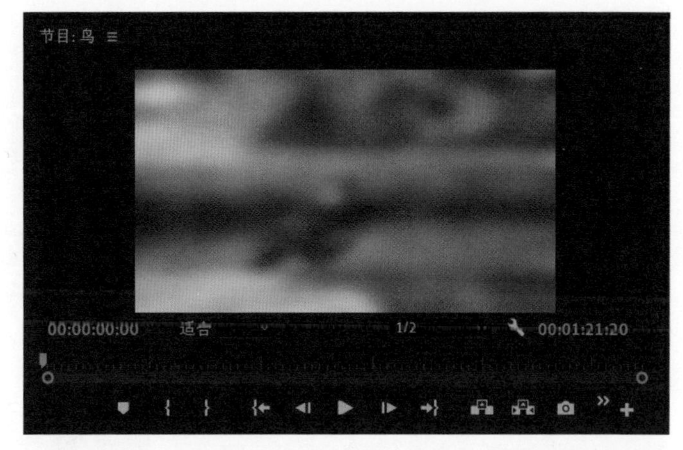

图6-4-14

选择【通道模糊】选项，将其拖至【时间轴】面板中素材的上方，此时Premiere Pro对素材画面从不同颜色进行模糊处理，效果如图6-4-15所示。

图6-4-15

选择【钝化蒙版】选项，将其拖至【时间轴】面板中素材的上方，此时素材画面轮廓更清晰，模糊的地方有提亮效果，如图6-4-16所示。

图6-4-16

选择【锐化】选项，将其拖至【时间轴】面板中素材的上方，此时可以增强素材画面轮廓感，效果与【钝化蒙版】相似，如图6-4-17所示。

图6-4-17

选择【高斯模糊】选项，将其移至【时间轴】面板中素材的上方，此时Premiere Pro对素材画面整体进行模糊处理，效果与【相机模糊】相似，如图6-4-18所示。

图6-4-18

6.5 生成

【效果】面板的【视频效果】>【生成】文件夹下，共包含12种视频特效，如图6-5-1所示。

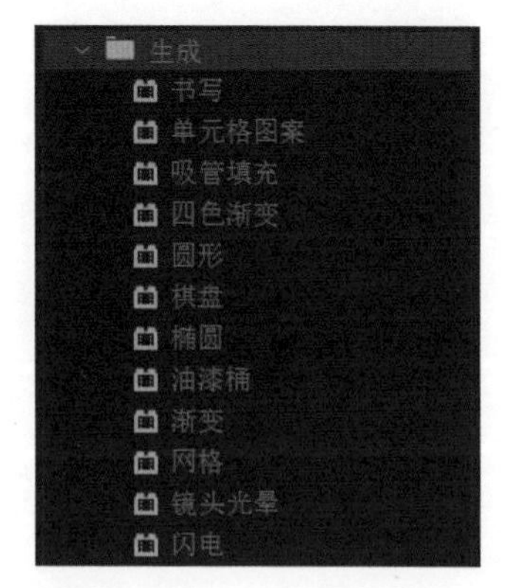

图6-5-1

选择【书写】选项，将其拖至【时间轴】面板中素材的上方，此时可以在素材画面产生书写的效果，如图6-5-2所示。

图6-5-2

选择【单元格图案】选项，将其拖至【时间轴】面板中素材的上方，此时可以使素材画面产生特殊的如同蜂巢般的背景纹理，如图6-5-3所示。

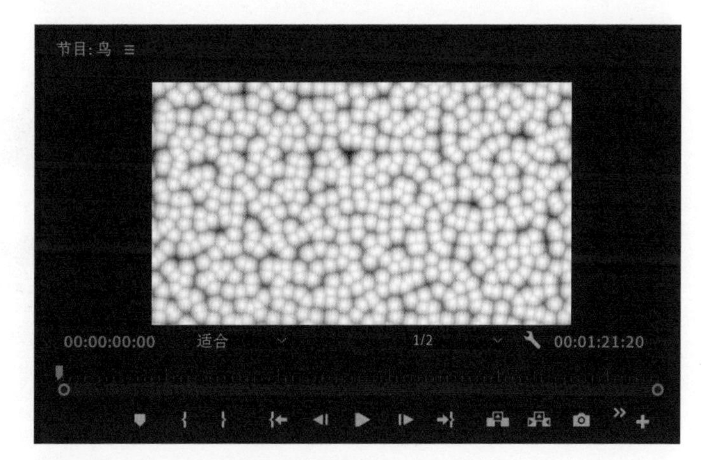

图6-5-3

选择【吸管填充】选项，将其拖至【时间轴】面板中素材的上方，此时可以通过拖动鼠标改变吸管的位置，从而改变吸取的颜色，使素材画面整体被吸取的颜色填充，如图6-5-4所示。

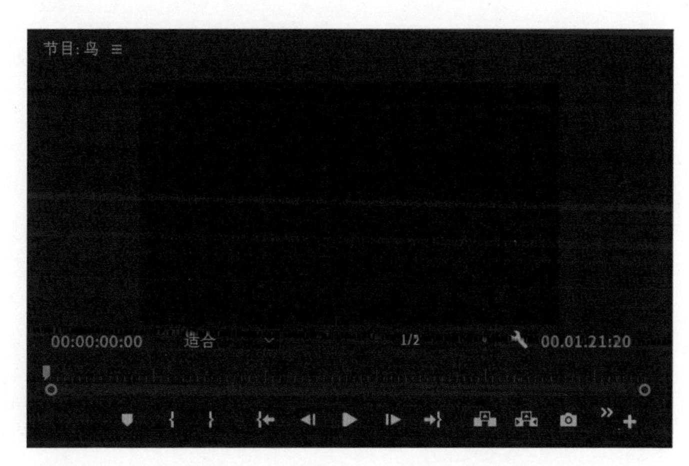

图6-5-4

选择【四色渐变】选项，将其拖至【时间轴】面板中素材的上方，此时可以使素材画面呈现混合4种颜色的渐变，如图6-5-5所示。

图6-5-5

选择【圆形】选项，将其拖至【时间轴】面板中素材的上方，此时可以在素材画面任意位置生成圆形或同心圆，如图6-5-6所示。

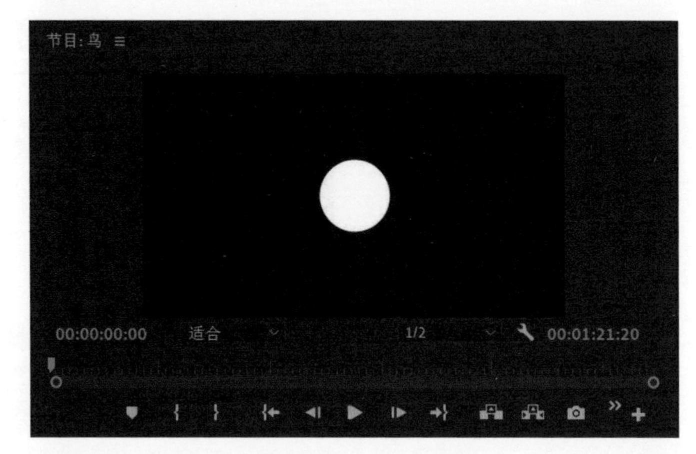

图6-5-6

选择【棋盘】选项，将其拖至【时间轴】面板中素材的上方，此时可以使素材画面生成棋盘格效果，如图6-5-7所示。

图6-5-7

选择【椭圆】选项，将其拖至【时间轴】面板中素材的上方，此时可以在素材画面任意位置生成椭圆形或同心椭圆，如图6-5-8所示。

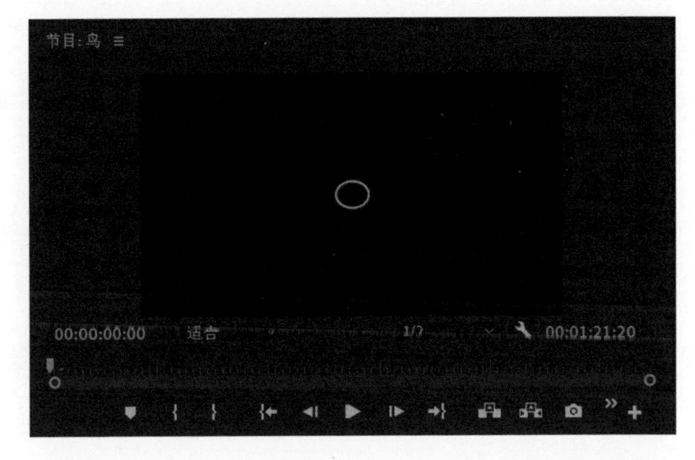

图6-5-8

选择【油漆桶】选项，将其拖至【时间轴】面板中素材的上方，此时可以将素材画面的某一区域替换成指定颜色，如图6-5-9所示。

图6-5-9

选择【渐变】选项，将其拖至【时间轴】面板中素材的上方，此时可以使素材画面产生颜色渐变效果，如图6-5-10所示。

图6-5-10

选择【网格】选项，将其拖至【时间轴】面板中素材的上方，此时可以使素材画面产生网格线效果，如图6-5-11所示。

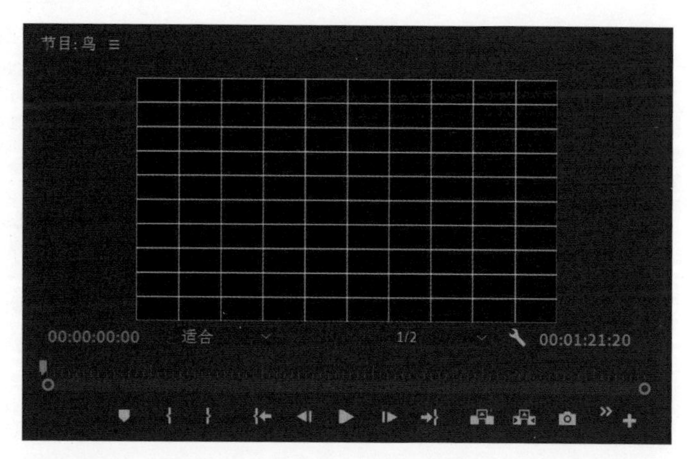

图6-5-11

选择【镜头光晕】选项，将其拖至【时间轴】面板中素材的上方，此时可以使素材画面产生镜头光晕效果，如图6-5-12所示。

图6-5-12

选择【闪电】选项，将其拖至【时间轴】面板中素材的上方，此时可以使素材画面产生闪电效果，如图6-5-13所示。

图6-5-13

6.6

视频、过渡与透视

【效果】面板的【视频效果】>【视频】文件夹下，共包含4种视频特效，如图6-6-1所示。

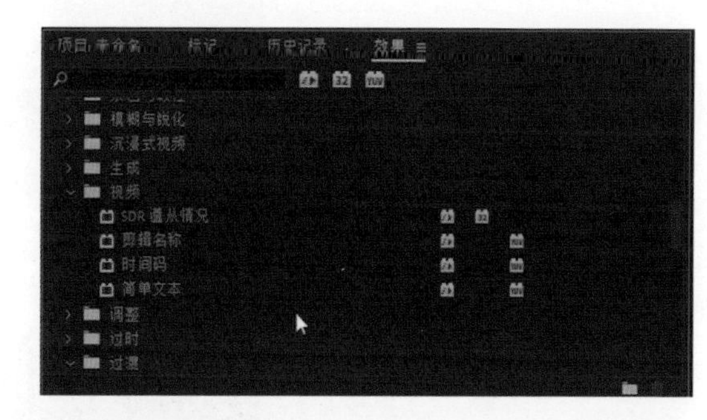

图6-6-1

选择【SDR遵从情况】选项，将其拖至【时间轴】面板中素材的上方，此时可以对素材画面进行亮度和对比度的调整，效果如图6-6-2所示。

图6-6-2

选择【剪辑名称】选项，将其拖至【时间轴】面板中素材的上方，此时可以在素材画面任意位置添加剪辑名称，效果如图6-6-3所示。

图6-6-3

选择【时间码】选项，将其拖至【时间轴】面板中素材的上方，此时可以在素材画面任意位置添加时间码，效果如图6-6-4所示。

图6-6-4

选择【简单文本】选项，将其拖至【时间轴】面板中素材的上方，此时可以在素材画面任意位置添加文本，效果如图6-6-5所示。

图6-6-5

【效果】面板的【视频效果】>【过渡】文件夹下，共包含5种视频特效，如图6-6-6所示。

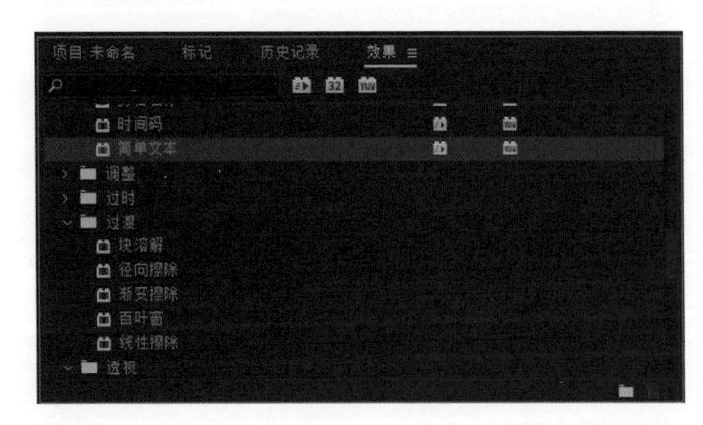

图6-6-6

选择【块溶解】选项，将其拖至【时间轴】面板中素材的上方，此时可以使素材画面一小块一小块地溶解消失，效果如图6-6-7所示。

图6-6-7

选择【径向擦除】选项，将其拖至【时间轴】面板中素材的上方，此时可以使素材画面以任意位置为中心径向逐渐消失，效果如图6-6-8所示。

图6-6-8

选择【渐变擦除】选项，将其拖至【时间轴】面板中素材的上方，此时可以使素材画面从暗到亮逐渐消失，效果如图6-6-9所示。

图6-6-9

选择【百叶窗】选项，将其拖至【时间轴】面板中素材的上方，此时可以使素材画面分割，以呈现百叶窗的效果，如图6-6-10所示。

图6-6-10

选择【线性擦除】选项，将其拖至【时间轴】面板中素材的上方，此时可以使素材画面从一边逐渐消失，效果如图6-6-11所示。

图6-6-11

【效果】面板的【视频效果】>【透视】文件夹下，共包含5种视频特效，如图6-6-12所示。

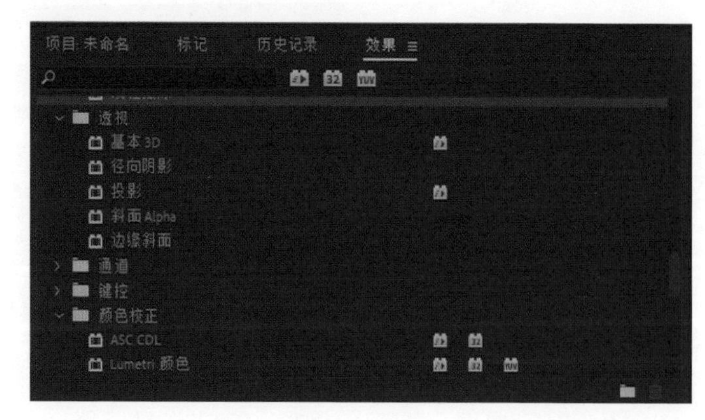

图6-6-12

选择【基本3D】选项，将其拖至【时间轴】面板中素材的上方，此时可以模拟素材画面置于3D空间的效果，如图6-6-13所示。

图6-6-13

选择【径向阴影】选项，将其拖至【时间轴】面板中素材的上方，此时可以模拟素材画面上方有一个光源，从而产生阴影的效果，如图6-6-14所示。

图6-6-14

选择【投影】选项，将其拖至【时间轴】面板中素材的上方，此时可以给素材画面添加投影效果，如图6-6-15所示。

图6-6-15

选择【斜面Alpha】选项，将其拖至【时间轴】面板中素材的上方，此时可以给素材画面边缘添加棱角效果，以产生边缘的层次感，如图6-6-16所示。

图6-6-16

选择【边缘斜面】选项，将其拖至【时间轴】面板中素材的上方，此时可以给素材画面边缘添加棱角效果，并且产生的边缘总是直角，如图6-6-17所示。

图6-6-17

6.7 风格化

【效果】面板的【视频效果】>【风格化】文件夹下，共包含13种视频特效，如图6-7-1所示。

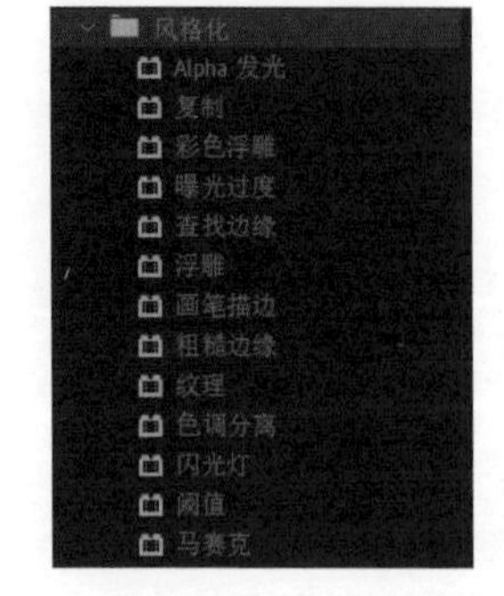

图6-7-1

选择【Alpha发光】选项，将其拖至【时间轴】面板中素材的上方，此时素材画面的Alpha通道起作用，画面可以呈现发光的效果。

原素材无Alpha通道，单击工具栏中的【文字工具】添加一排文字，如图6-7-2所示。

图6-7-2

此时应用【Alpha发光】特效，效果如图6-7-3所示。

图6-7-3

选择【复制】选项，将其拖至【时间轴】面板中素材的上方，此时【节目】面板中的显示区可分成多个部分，每一个部分都显示原素材画面，效果如图6-7-4所示。

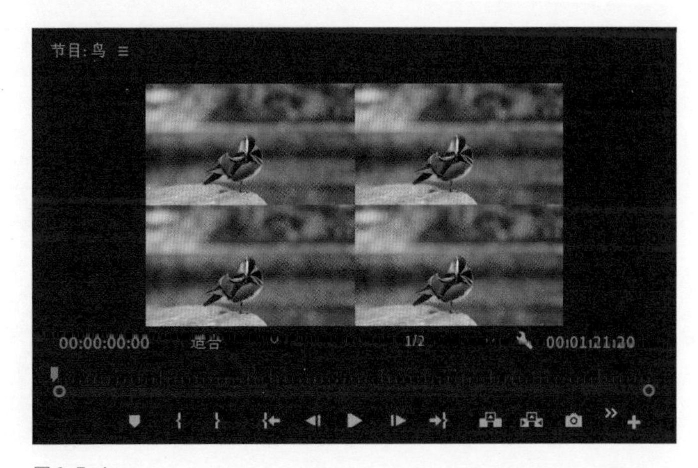

图6-7-4

选择【彩色浮雕】选项，将其拖至【时间轴】面板中素材的上方，此时可以使素材画面呈现浮雕效果，如图6-7-5所示。

图6-7-5

选择【曝光过度】选项，将其拖至【时间轴】面板中素材的上方，此时可以使素材画面呈现相片冲洗时过度曝光的效果，如图6-7-6所示。

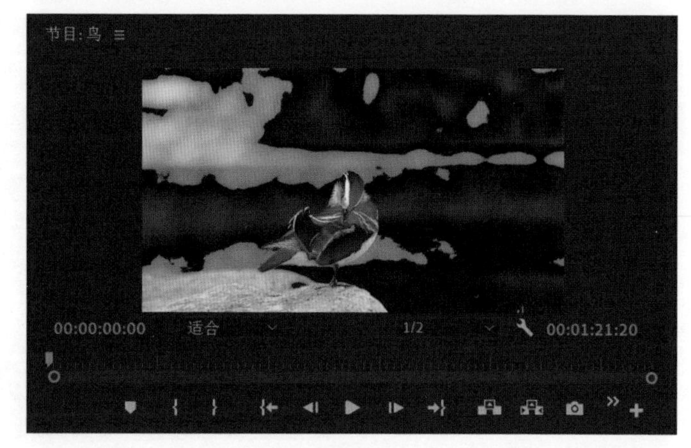

图6-7-6

选择【查找边缘】选项，将其拖至【时间轴】面板中素材的上方，此时可以使画面仅保留原始素材明显的边缘线，效果如图6-7-7所示。

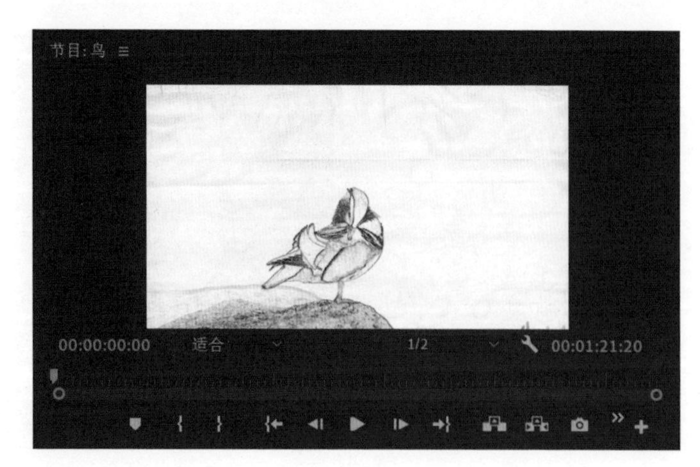

图6-7-7

选择【浮雕】选项，将其拖至【时间轴】面板中素材的上方，此时可以使素材画面呈现浮雕效果，效果与【彩色浮雕】相似，但颜色显示有差异，如图6-7-8所示。

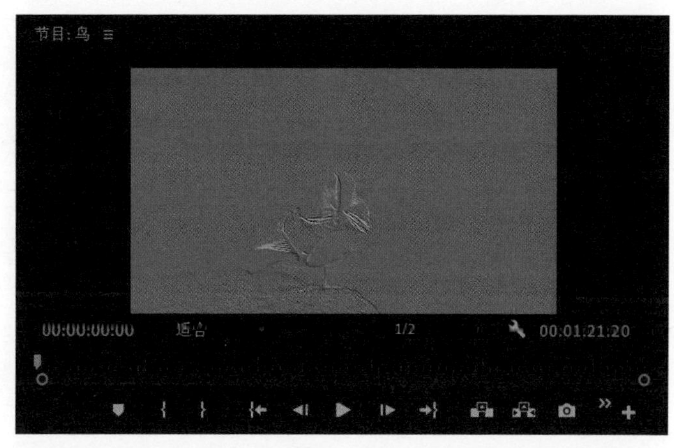

图6-7-8

选择【画笔描边】选项，将其拖至【时间轴】面板中素材的上方，此时可以使素材画面呈现油画质感，效果如图6-7-9所示。

图6-7-9

选择【粗糙边缘】选项，将其拖至【时间轴】面板中素材的上方，此时可以使素材画面边缘产生被腐蚀的效果，如图6-7-10所示。

图6-7-10

选择【纹理】选项，将其拖至【时间轴】面板中素材的上方，此时可以使素材画面产生一些特殊的纹理效果，如图6-7-11所示。

图6-7-11

选择【色调分离】选项，将其拖至【时间轴】面板中素材的上方，此时可以使素材画面的整体色调分离，效果如图6-7-12所示。

图6-7-12

选择【闪光灯】选项，将其拖至【时间轴】面板中素材的上方，此时可以模拟闪光灯的效果，如图6-7-13所示。

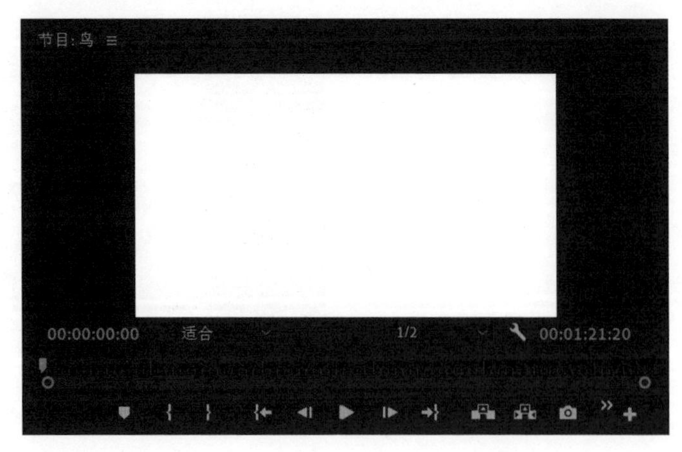

图6-7-13

选择【阈值】选项，将其拖至【时间轴】面板中素材的上方，此时可以将素材画面直接转化成黑、白两种颜色，如图6-7-14所示。

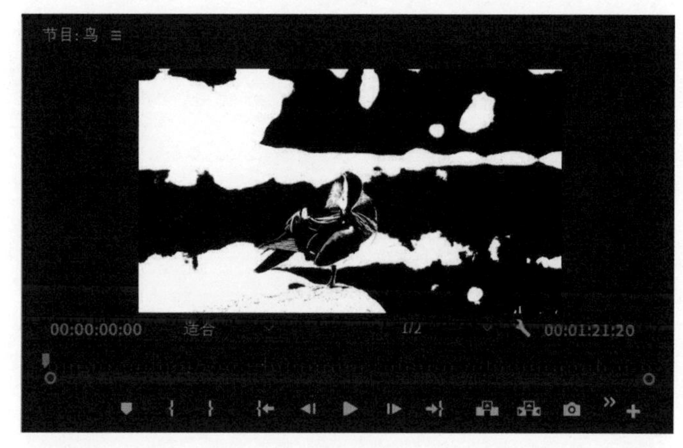

图6-7-14

选择【马赛克】选项，将其拖至【时间轴】面板中素材的上方，此时可以让素材画面呈现马赛克效果，如图6-7-15所示。

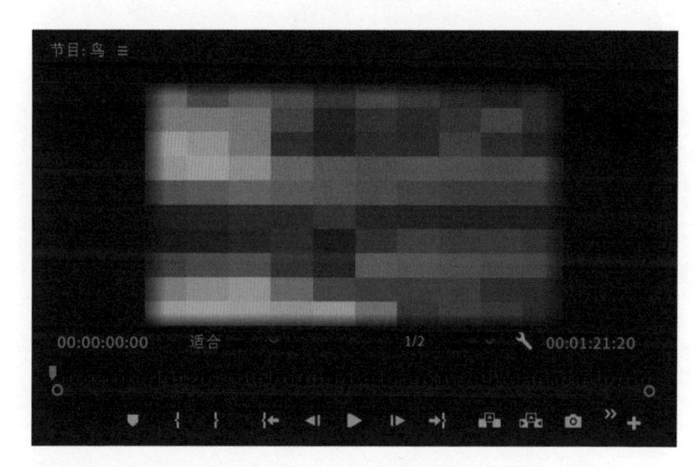

图6-7-15

第7章

◆◆◆◆◆

Premiere Pro短视频制作案例

前 6 章对 Premiere Pro 的工作界面和使用流程，应用于素材文件的剪辑工具、视频特效，以及添加字幕的操作等进行了介绍。最后一章将通过 5 个基础案例帮助读者进一步理解基础理论，提升视频剪辑技能。

7.1

放大镜特效案例

本案例制作用放人镜观察蜻蜓的动画，主要用到了关键帧动画和【放大】特效。

双击【项目】面板，导入一张蜻蜓的图片素材，将其拖入【时间轴】面板，【节目】面板中的显示效果如图7-1-1所示。

图7-1-1

再导入一张放大镜的图片素材，同样将其拖入【时间轴】面板，【节目】面板中的显示效果如图7-1-2所示。

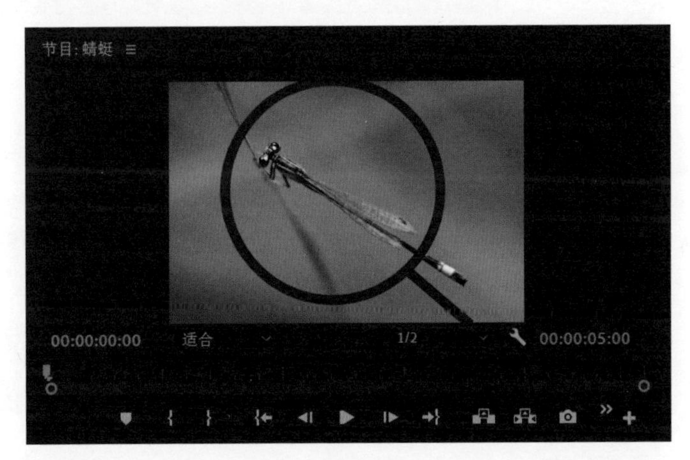

图7-1-2

在【效果控件】面板调整【缩放】参数，如图7-1-3所示，使放大镜显示为合适的大小，如图7-1-4所示。

图7-1-3

图7-1-4

在【时间轴】面板中选择蜻蜓图片素材，如图7-1-5所示。【放大】特效是作用于蜻蜓所在的图层，而不是放大镜所在的图层。

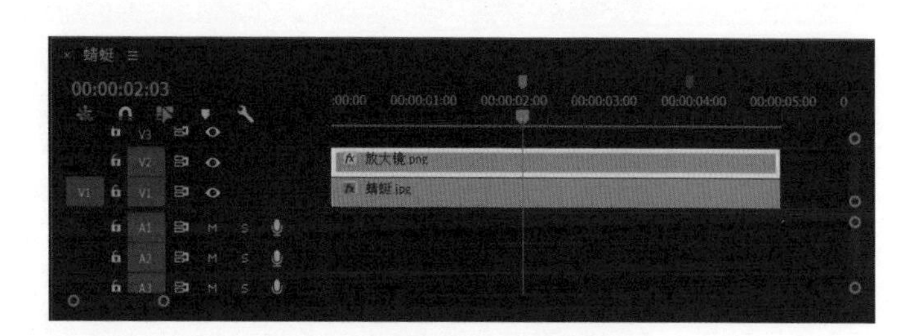

图7-1-5

在【效果】面板中搜索【放大】，选择【视频效果】>【扭曲】>【放大】，如图7-1-6所示，效果如图7-1-7所示。

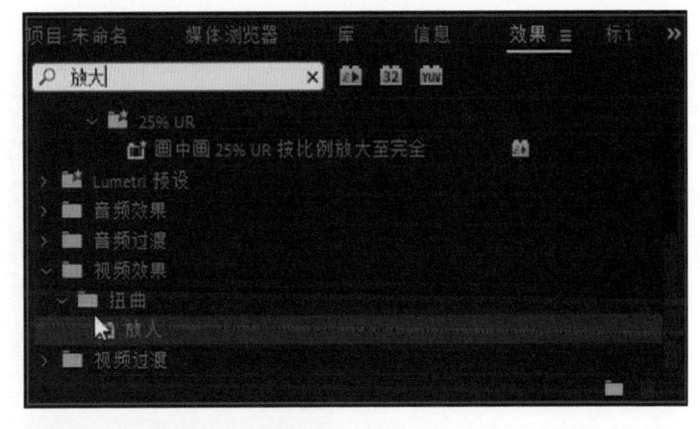

图7-1-6

图7-1-7

在【效果控件】面板调整【放大】特效的【中央】【大小】及【放大率】，如图7-1-8所示，使【放大】特效作用的范围与放大镜吻合，如图7-1-9所示。

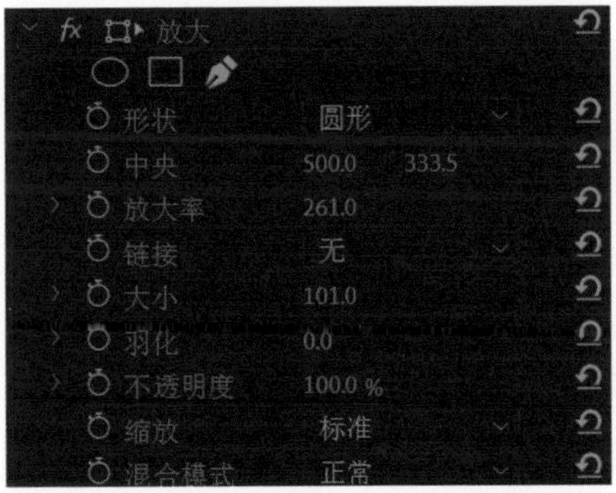

fx 放大
形状 圆形
中央 500.0 333.5
放大率 261.0
链接 无
大小 101.0
羽化 0.0
不透明度 100.0 %
缩放 标准
混合模式 正常

图7-1-8

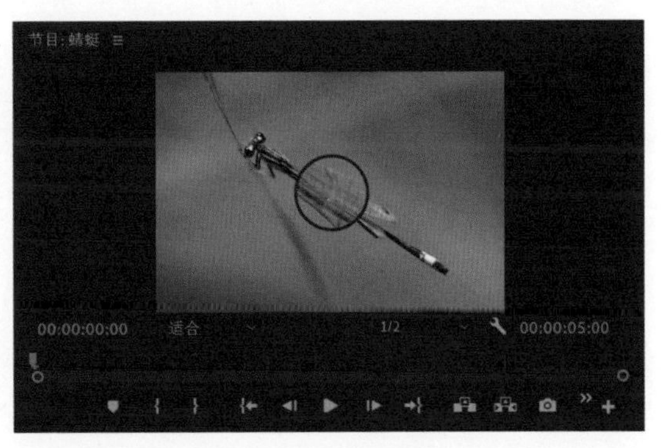

图7-1-9

在0秒位置单击【中央】前面的码表标志，标记关键帧，如图7-1-10所示。此时【放大】动画的初始效果如图7-1-11所示。

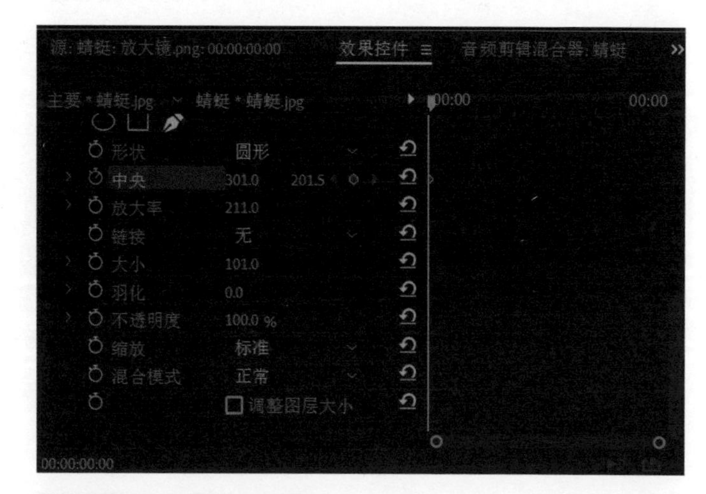

图7-1-10

图7-1-11

移动蓝色指针，改变【放大】特效的【大小】，如图7-1-12所示，标记关键帧，如图7-1-13所示。

图7-1-12

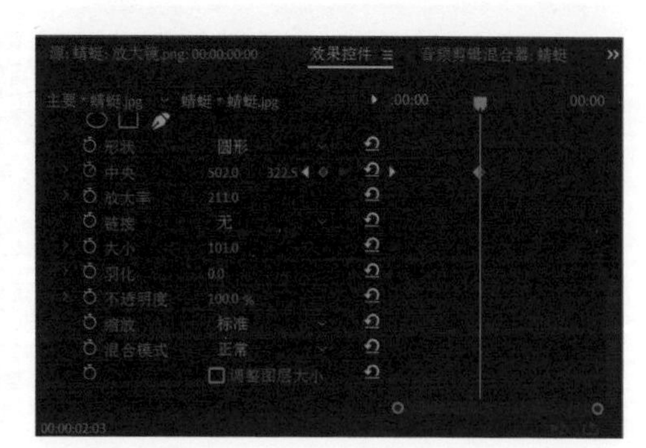

图7-1-13

在【节目】面板单击【添加标记】按钮，在当前位置添加标记点，如图7-1-14所示。

图7-1-14

再次移动蓝色指针，改变【放大】特效的【中心】，效果如图7-1-15所示，标记关键帧，如图7-1-16所示。

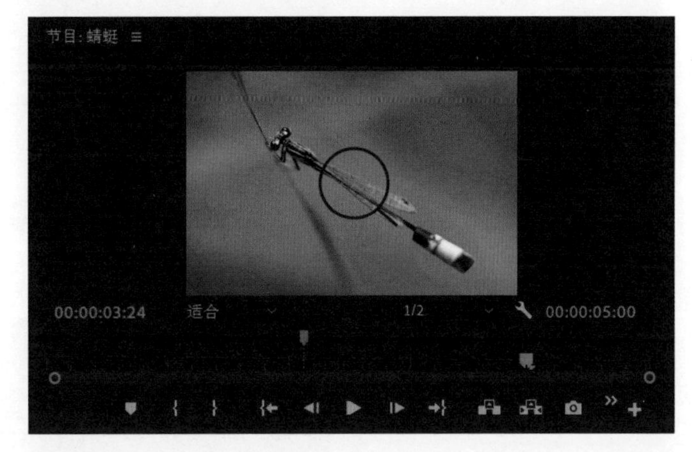

图7-1-15

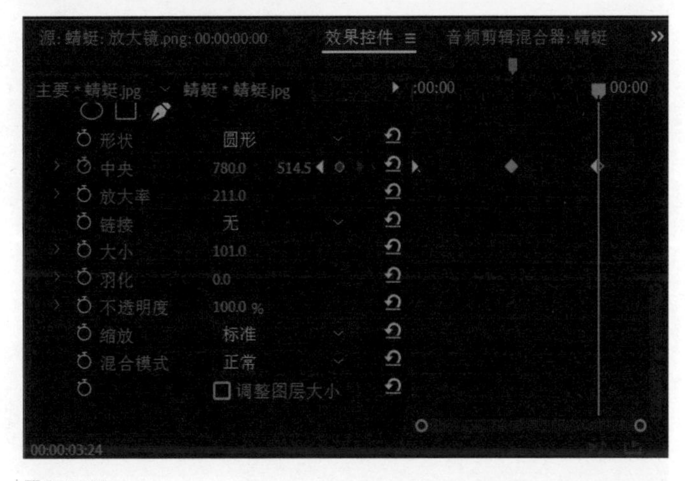

图7-1-16

在【节目】面板单击【添加标记】按钮，在当前位置添加标记点，如图7-1-17所示。

图7-1-17

此时Premiere Pro已经自动生成了【放大】特效的运动路径。接下来要使放大镜的运动路径与【放大】特效相匹配，使放大镜与【放大】特效同步运动。

在【时间轴】面板中单击放大镜素材，将蓝色指针置于0秒处。在【效果控件】面板中，调整放大镜的【位置】，如图7-1-18所示，使其与【放大】特效的初始位置吻合，如图7-1-19所示，并在单击【位置】前面的码表标志，标记关键帧。

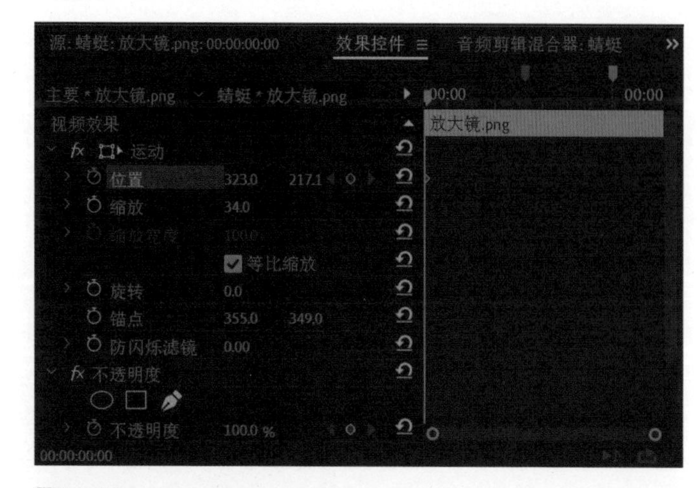

图7-1-18

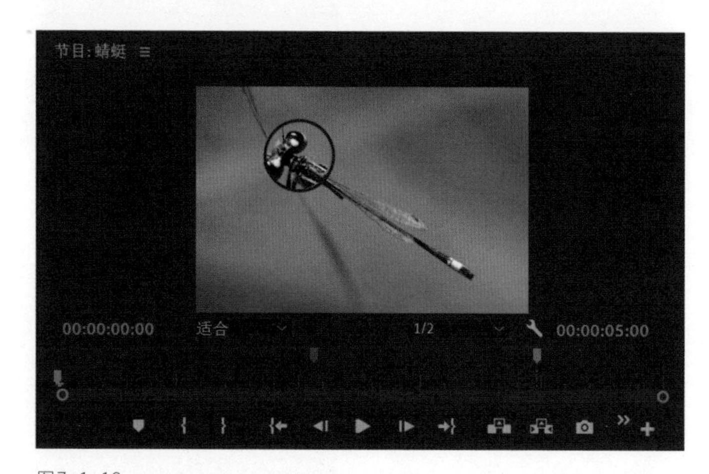

图7-1-19

在【时间轴】面板中拖动蓝色指针至第一个标记点，如图7-1-20所示。

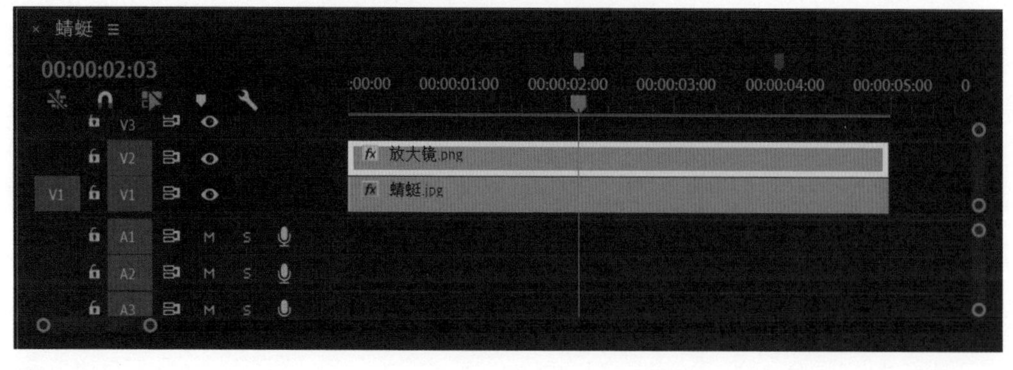

图7-1-20

调整放大镜的【位置】，使其与【放大】特效的位置吻合，如图7-1-21所示，标记关键帧。

图7-1-21

在【时间轴】面板中拖动蓝色指针至第二个标记点，调整放大镜的【位置】，使其与【放大】特效的位置吻合，如图7-1-22所示，标记关键帧，如图7-1-23所示。

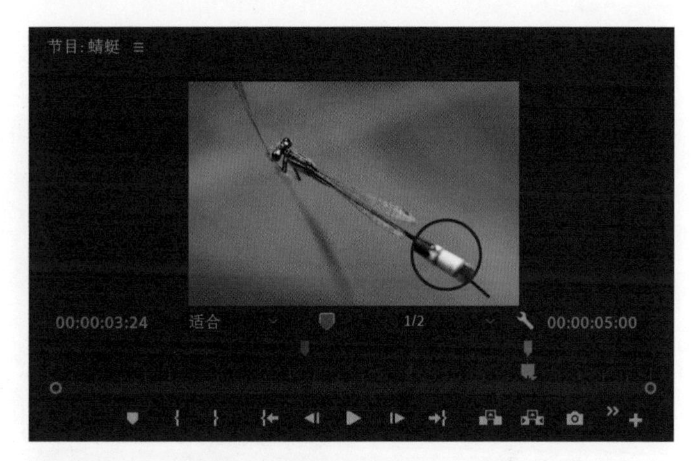

图7-1-22

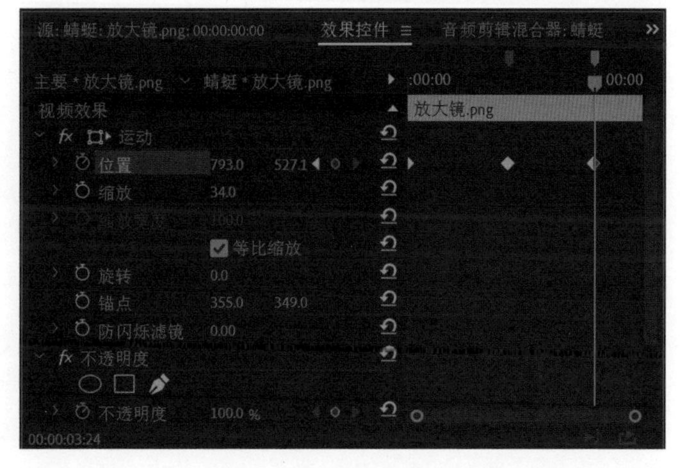

图7-1-23

单击【播放】按钮，发现存在放大镜与【放大】特效不同步的现象，如图7-1-24所示。

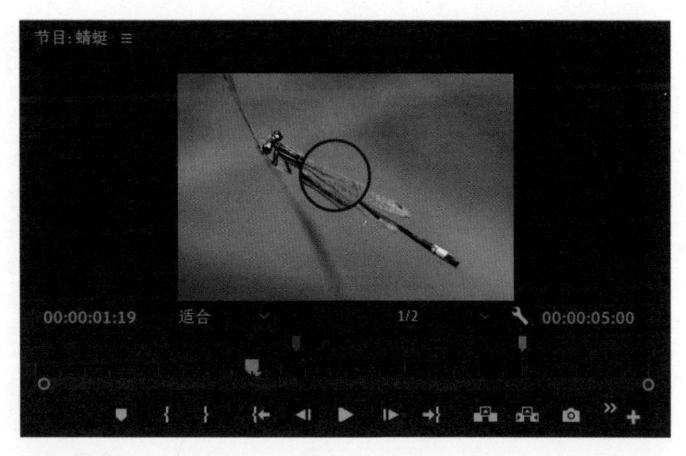

图7-1-24

单击【效果控件】面板中的【运动】，如图7-1-25所示，此时可以在【节目】面板中观察到放大镜的运动路径。对其运动路径进行调整，如图7-1-26、图7-1-27所示。

图7-1-25

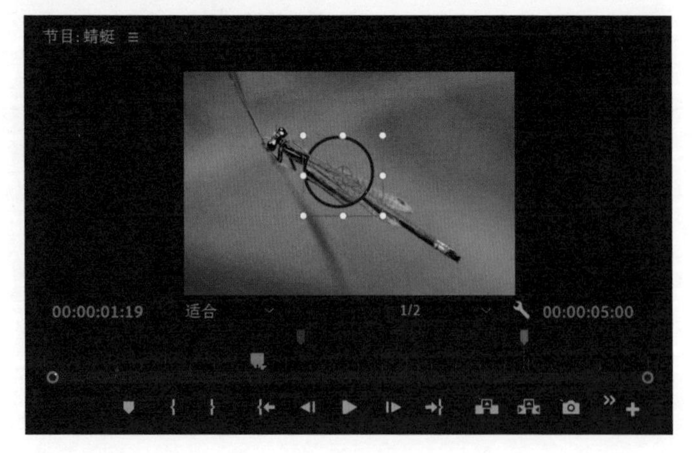

图7-1-26

当放大镜的运动路径与【放大】特效同步时，一个简单的放大特效动画就制作完成了。

图7-1-27

7.2 胶片播放案例

本案例制作胶片效果的播放动画。

单击【项目】面板中的【新建项】按钮，在弹出的菜单中选择【序列】选项，如图7-2-1所示，新建【序列01】，如图7-2-2所示。

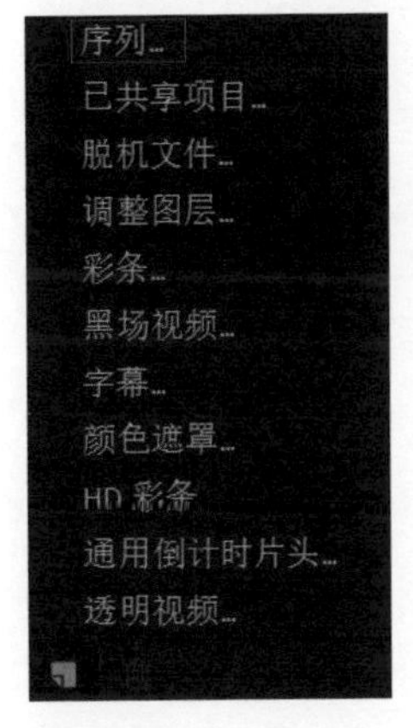

图7-2-1

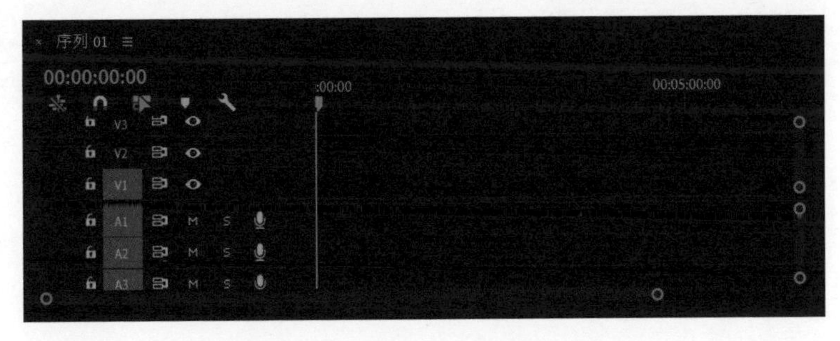

图7-2-2

选择【文件】>【新建】>【旧版标题】，如图7-2-3所示，弹出图7-2-4所示的对话框，单击【确定】按钮。

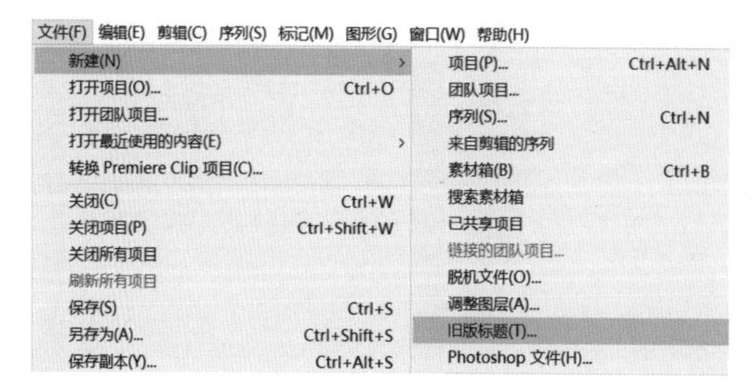

图7-2-3

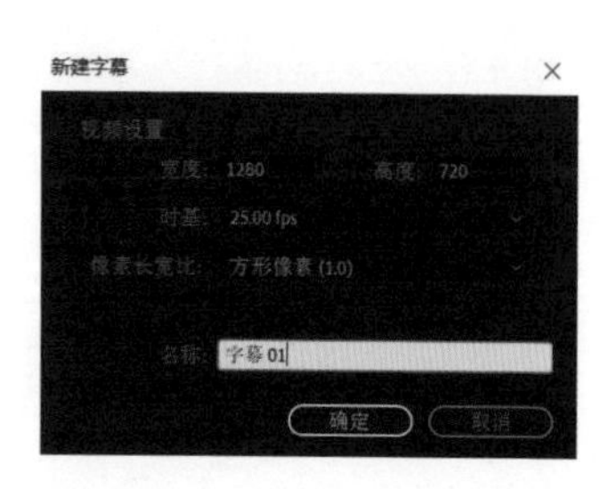

图7-2-4

出现图7-2-5所示的对话框。

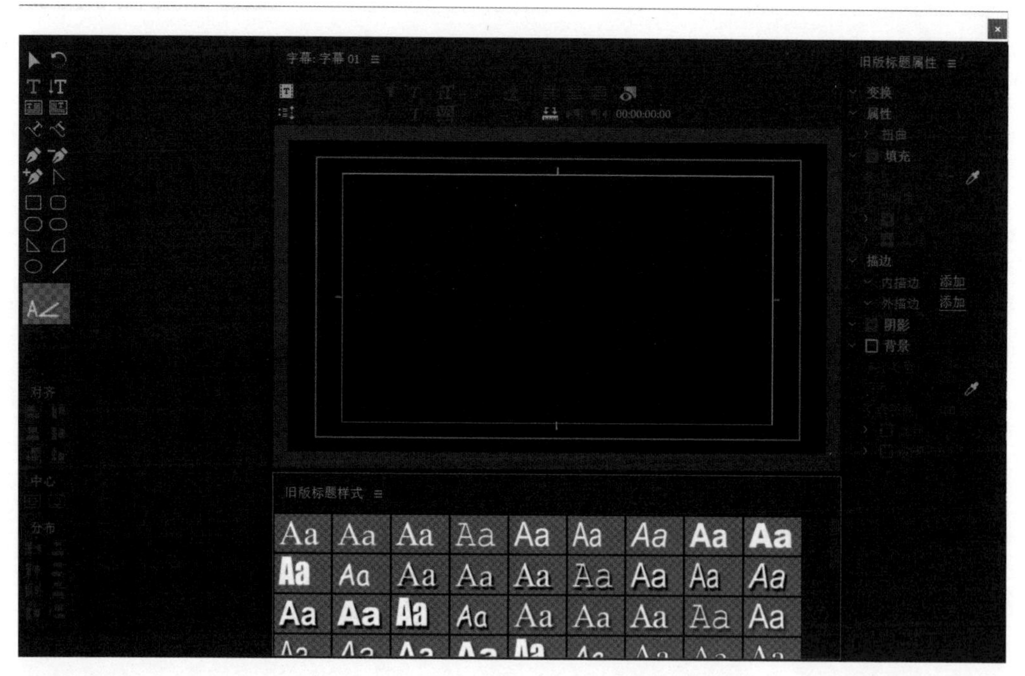

图7-2-5

选择【矩形工具】，在画面区域绘制一个矩形，如图7-2-6所示。

选择【选择工具】，在画面区域单击绘制的矩形，按住【Ctrl+C】组合键，再按【Ctrl+V】组合键5次，进行5次复制，效果如图7-2-7所示。

图7-2-6

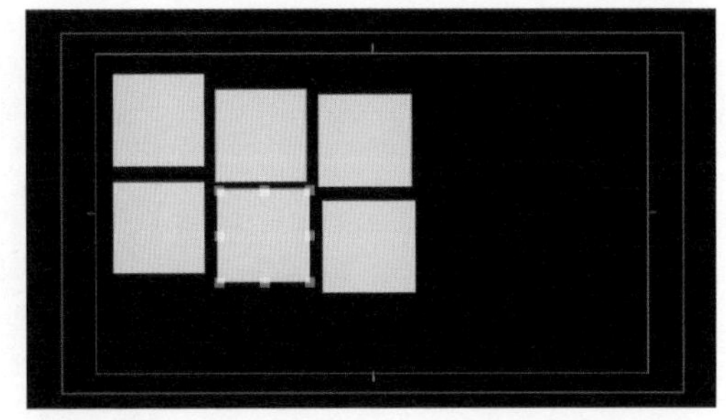

图7-2-7

打开【滚动/游动选项】对话框，将【字幕类型】设置为【滚动】，单击【确定】按钮，如图7-2-8所示。

将6个矩形按照一定的间距进行排列，如图7-2-9所示。

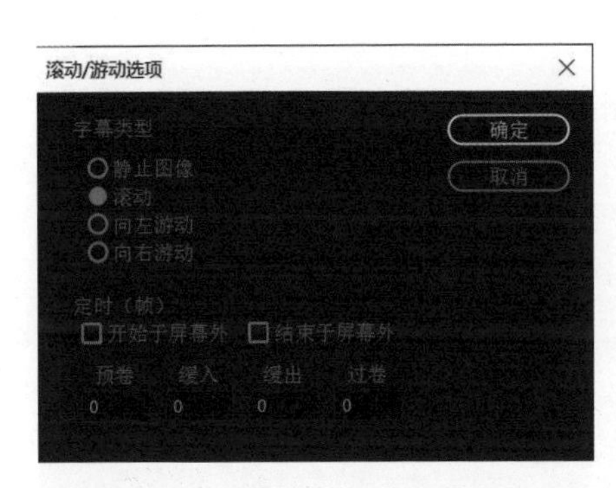

图7-2-8

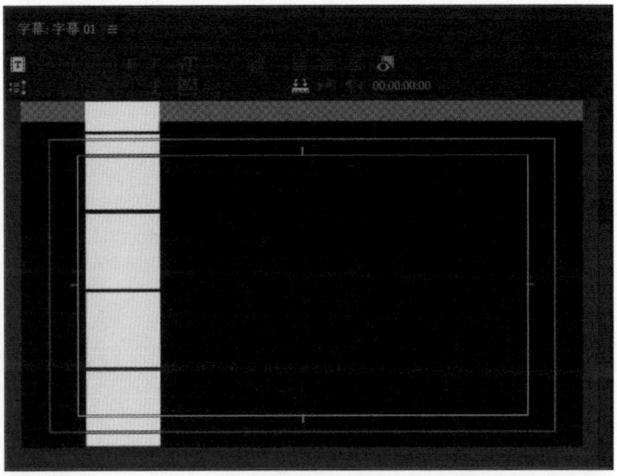

图7-2-9

将6个矩形全部选中后，单击【对齐】按钮，如图7-2-10所示。

选择其中一个矩形，在旧版标题属性栏中勾选【纹理】复选框，如图7-2-11所示，单击红框位置，弹出图7-2-12所示的对话框。

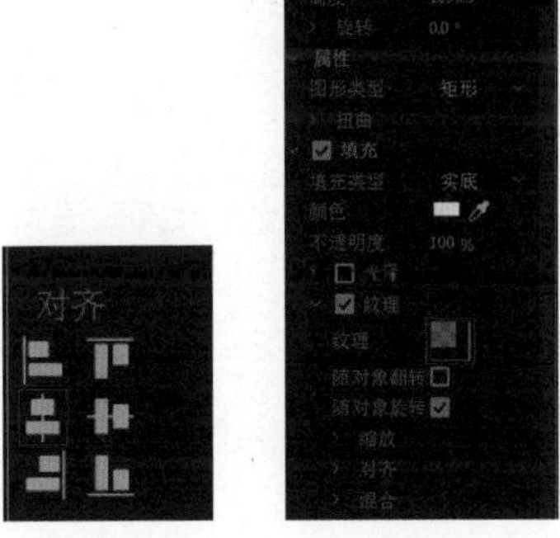

图7-2-10　　图7-2-11

图7-2-12

选择任意一个素材，单击【打开】按钮，效果如图7-2-13所示。

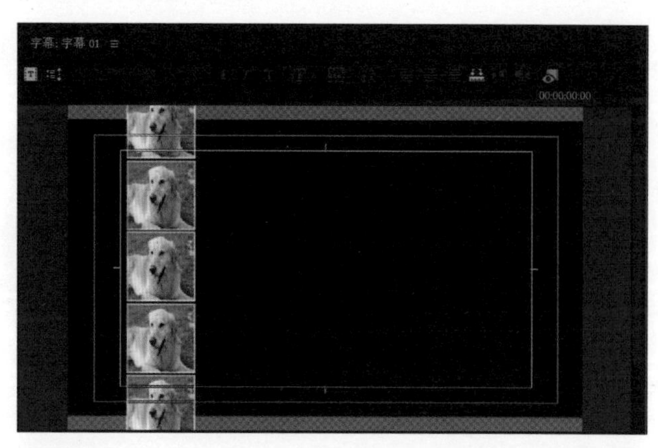

图7-2-13

选择【矩形工具】，取消勾选【填充】复选框，勾选【外描边】复选框，设置参数如图7-2-14所示，绘制矩形边框的效果如图7-2-15所示。

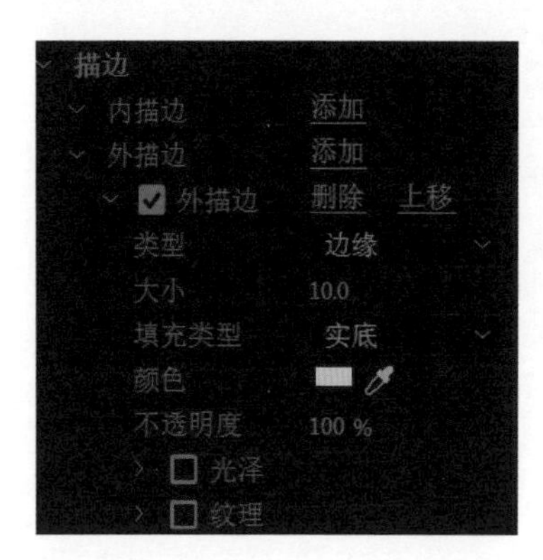

图7-2-14

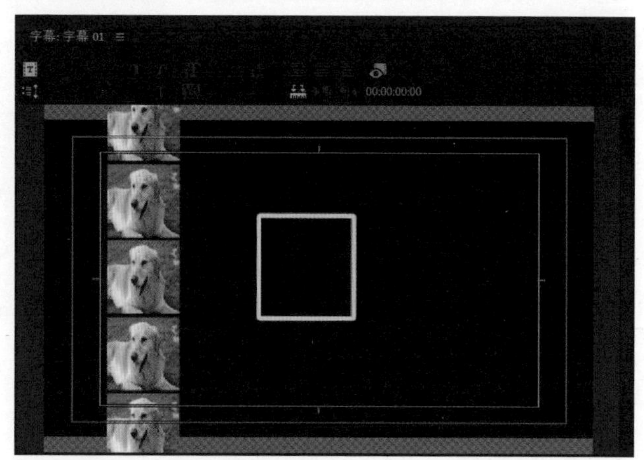

图7-2-15

拖动该矩形边框，使其框选住6个矩形，效果如图7-2-16所示。

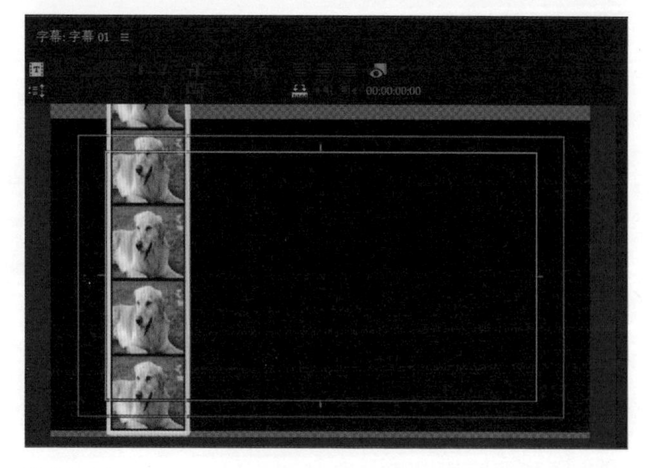

图7-2-16

在【效果控件】面板中调整【缩放】和【位置】参数，效果如图7-2-17所示。

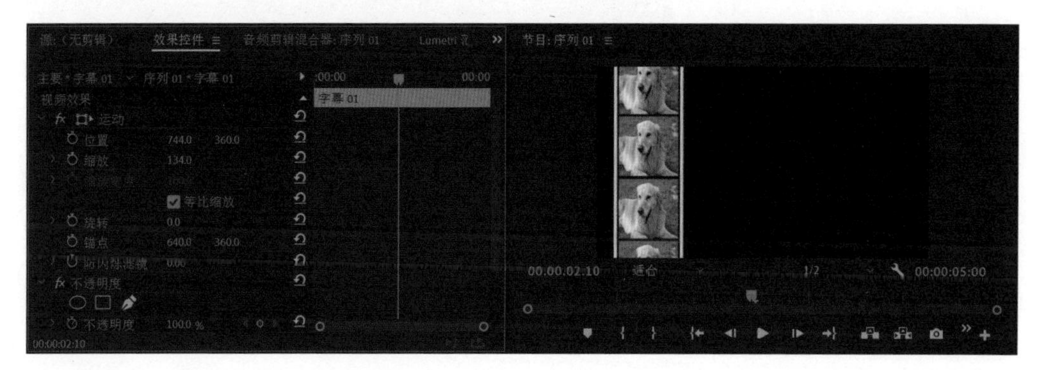

图7-2-17

在【时间轴】面板中复制【字幕01】，单击鼠标右键，选择【嵌套】选项，将其设置为嵌套序列，如图7-2-18所示。

弹出图7-2-19所示的对话框，单击【确定】按钮。

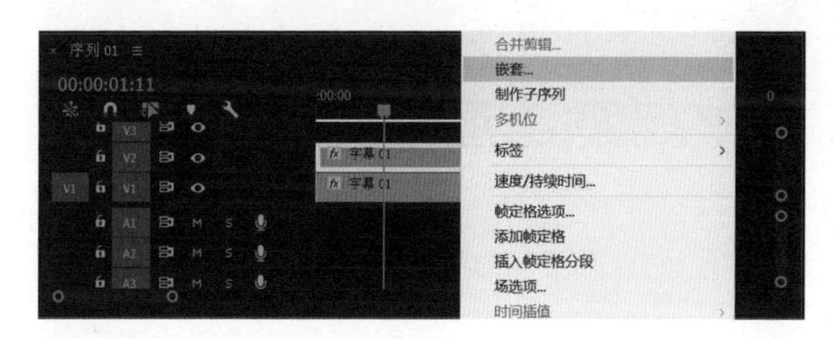

图7-2-18

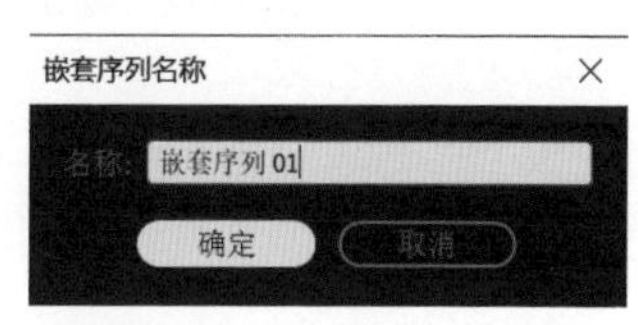

图7-2-19

在【效果控件】面板中调整【旋转】和【位置】参数，效果如图7-2-20所示。

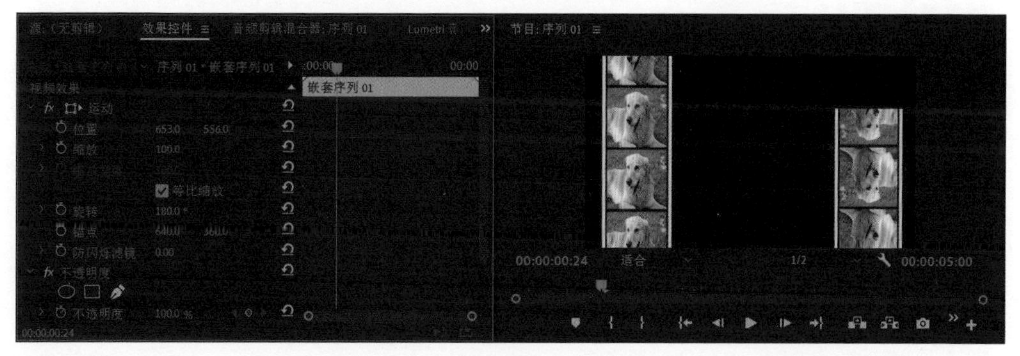

图7-2-20

在【时间轴】面板中复制【嵌套序列01】，如图7-2-21所示。

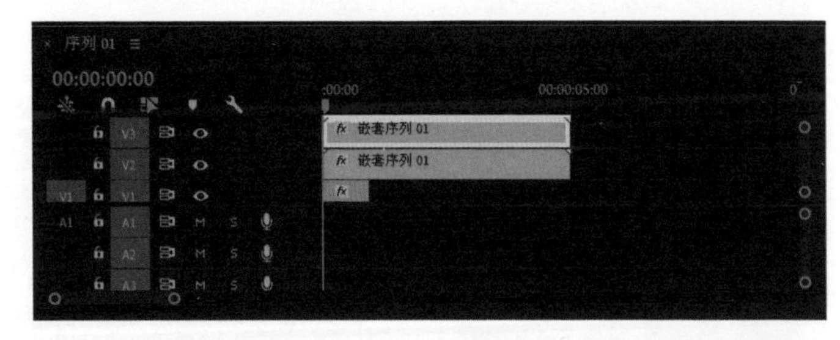

图7-2-21

在【效果控件】面板中调整【旋转】和【位置】参数，效果如图7-2-22所示。此时胶片播放动画就制作完成了。

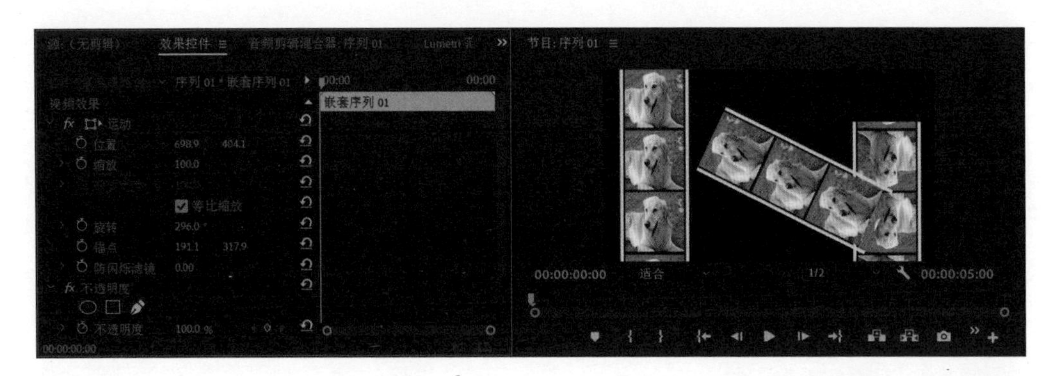

图7-2-22

7.3

字幕案例

本案例制作类似影视剧片尾的字幕动画，主要用到字幕工具。

单击【项目】面板中的【新建项】按钮，在弹出菜单中选择【序列】选项，如图7-3-1所示，新建【序列01】，如图7-3-2所示。

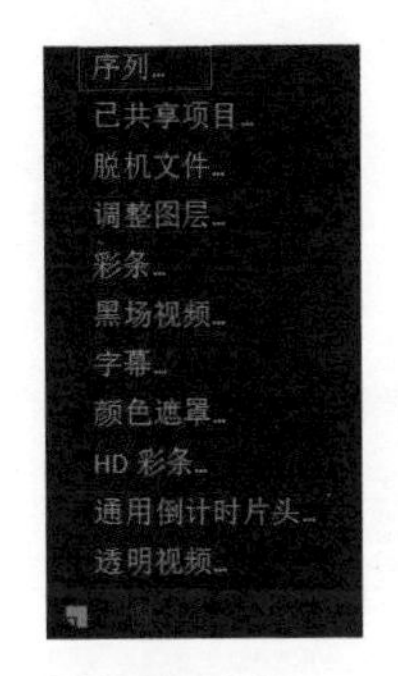

图7-3-1

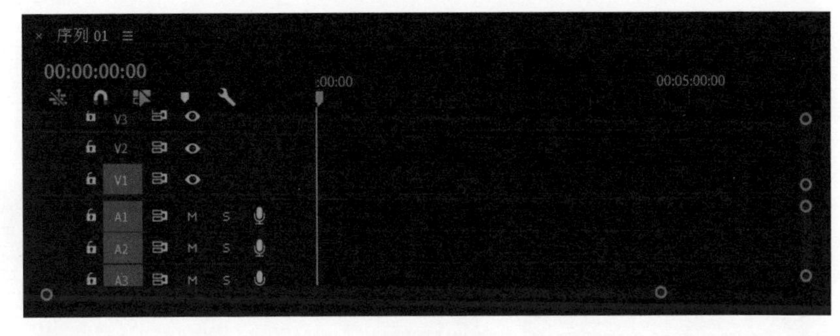

图7-3-2

单击【项目】面板中的【新建项】按钮，在弹出的菜单中选择【颜色遮罩】选项，如图7-3-3所示，弹出图7-3-4所示的对话框，单击【确定】按钮。

在打开的【拾色器】对话框中选择合适的颜色，如图7-3-5所示，单击【确定】按钮。

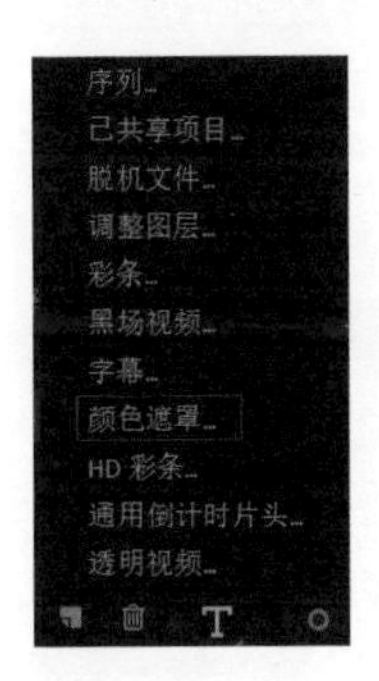

图7-3-3

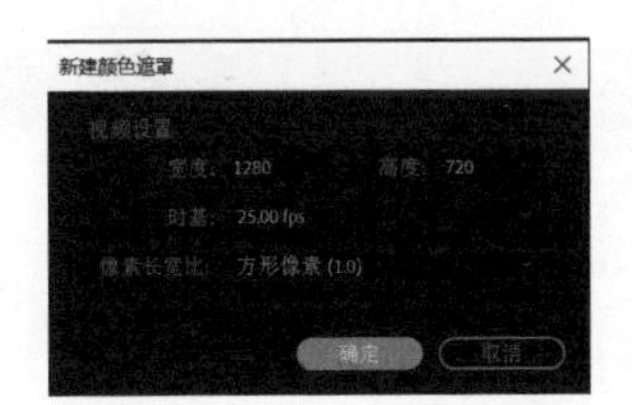

图7-3-4

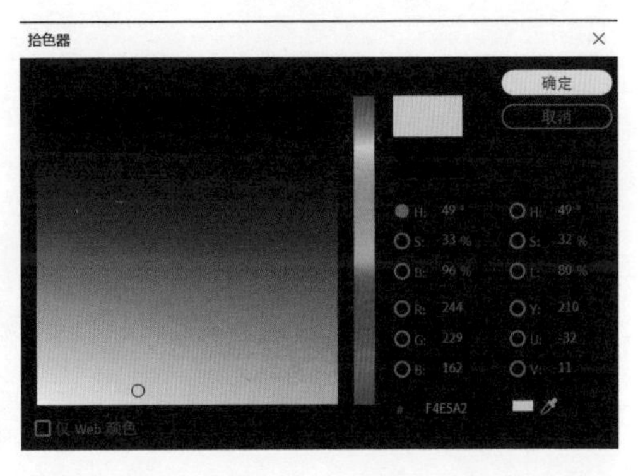

图7-3-5

出现图7-3-6所示的对话框，单击【确定】按钮。

将【项目】面板中的【颜色遮罩】拖入【时间轴】面板中，【节目】面板中的显示状态如图7-3-7所示。

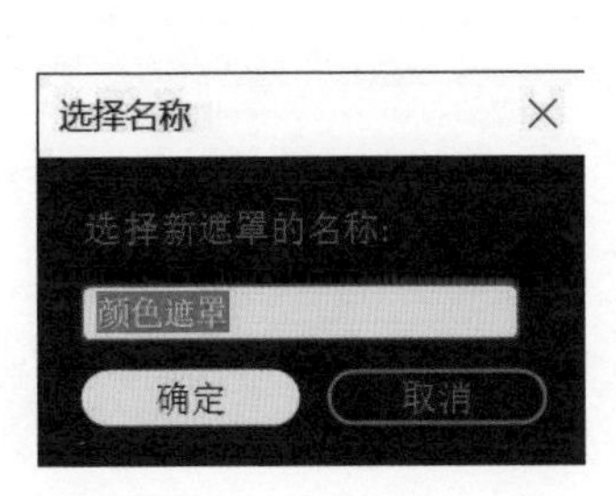

图7-3-6

图7-3-7

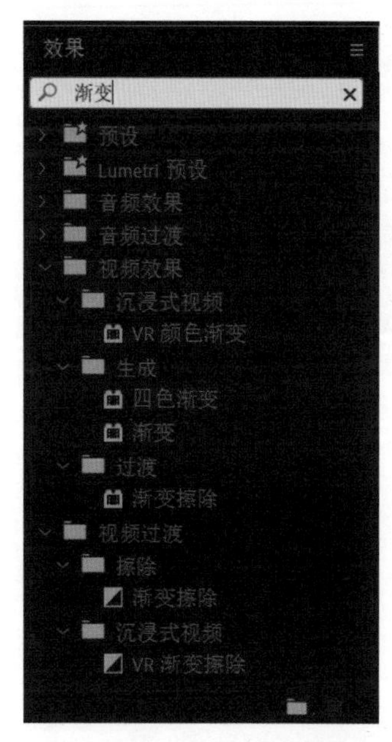

在【效果】面板中搜索【渐变】，如图7-3-8所示，将【渐变】特效拖到【时间轴】面板中素材的上方，【节目】面板中的效果如图7-3-9所示。

图7-3-8　　图7-3-9

在【效果控件】面板中调整【渐变】特效的【起始颜色】和【结束颜色】，效果如图7-3-10所示。

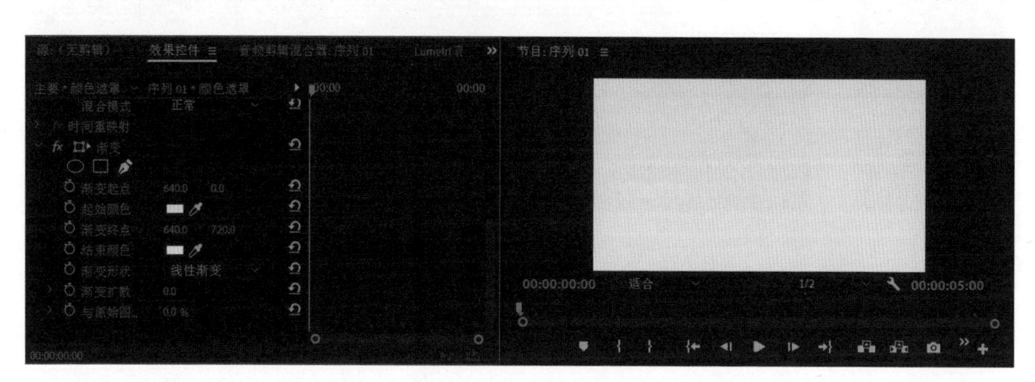

图7-3-10

在【项目】面板中导入一个视频素材，将其拖入【时间轴】面板，如图7-3-11所示。

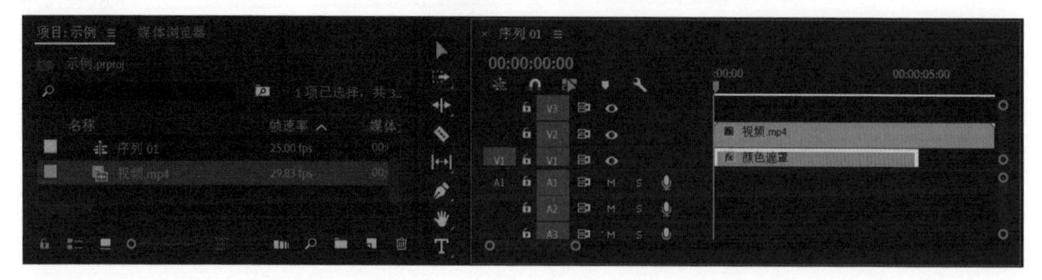

图7-3-11

在【效果控件】面板中调整【位置】和【缩放】参数，效果如图7-3-12所示。

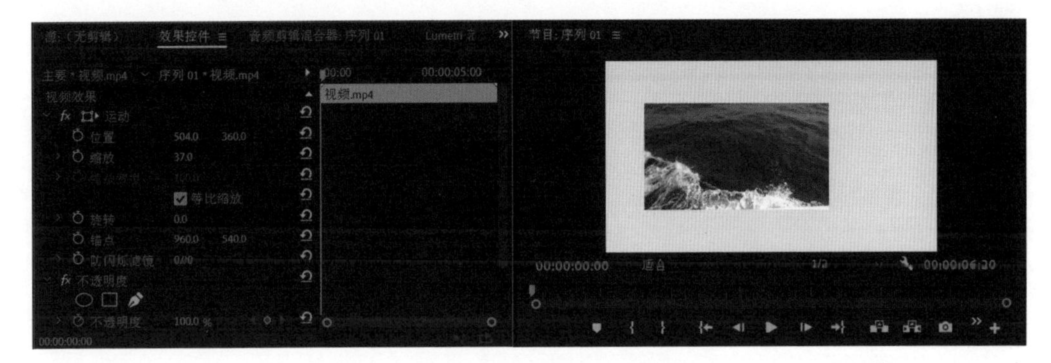

图7-3-12

在【效果】面板中搜索【基本3D】，如图7-3-13所示，将【基本3D】特效拖到【时间轴】面板中素材的上方。

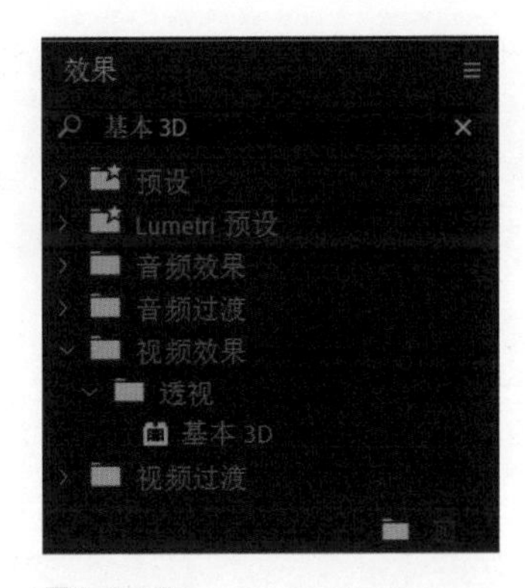

图7-3-13

在【效果控件】面板中调整【基本3D】特效的【旋转】参数，效果如图7-3-14所示。

图7-3-14

选择【文件】>【新建】>【旧版标题】，如图7-3-15所示，弹出图7-3-16所示的对话框，单击【确定】按钮。

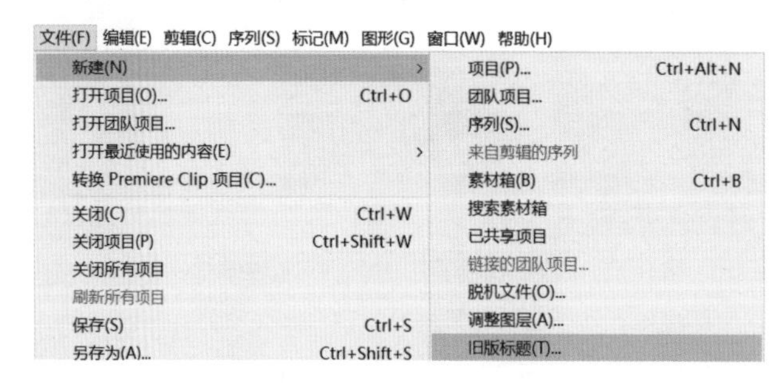

图7-3-15

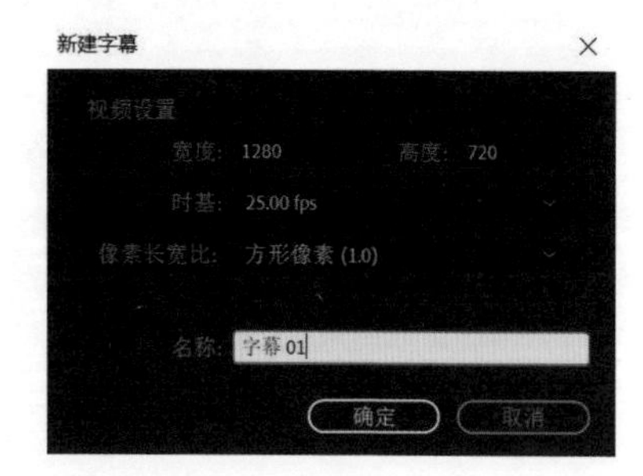

图7-3-16

在弹出的对话框中选择【钢笔工具】，单击视频画面四角绘制边框，并为其添加外描边，效果如图7-3-17所示。

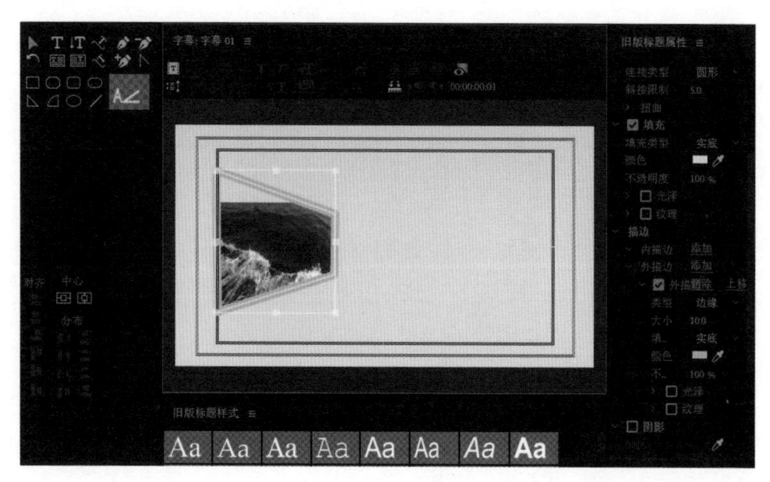

图7-3-17

关闭对话框，将【项目】面板中的【字幕01】拖入【时间轴】面板，【节目】面板中的显示效果如图7-3-18所示。

图7-3-18

选择【文件】>【新建】>【旧版标题】，创建字幕。在字幕编辑对话框中选择【文字工具】添加文字框，如图7-3-19所示。

打开【滚动/游动选项】对话框，将【字幕类型】设置为【滚动】，单击【确定】按钮，如图7-3-20所示。

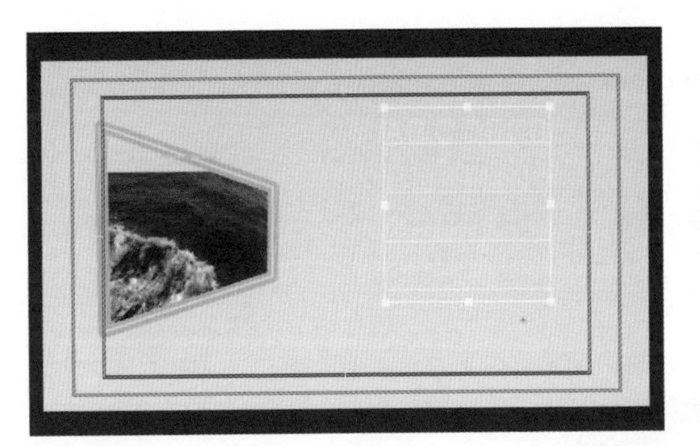

图7-3-19

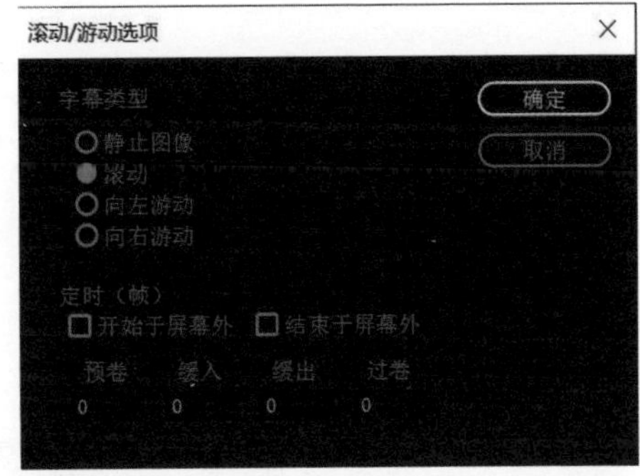

图7-3-20

调整字幕的颜色、大小及行间距，效果如图7-3-21所示。

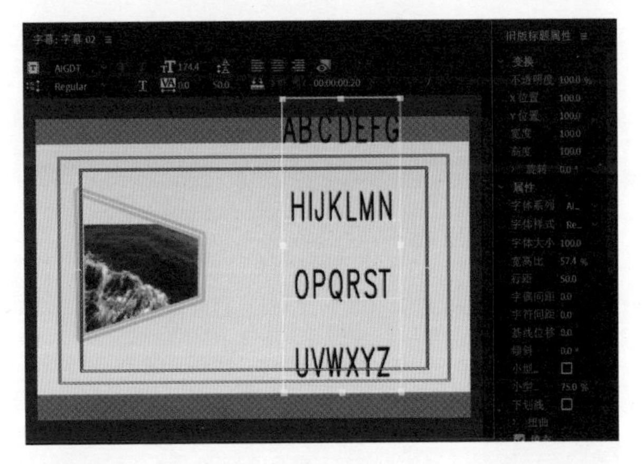

图7-3-21

关闭对话框，将【项目】面板中的【字幕02】拖入【时间轴】面板，【节目】面板中的显示效果如图7-3-22所示。此时本字幕案例就制作完成了。

图7-3-22

7.4

分屏动画案例

本案例制作分屏动画，用到的工具较多，非常考验基本功。

单击【项目】面板中的【新建项】按钮，在弹出的菜单中选择【序列】选项，如图7-4-1所示，在弹出对话框的【序列预设】选项卡中选择【HDV 1080p25】选项，如图7-4-2所示，新建【序列01】，如图7-4-3所示。

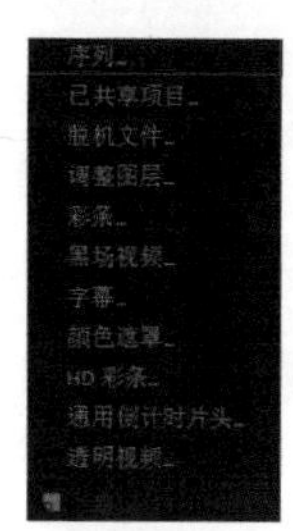

图7-4-1

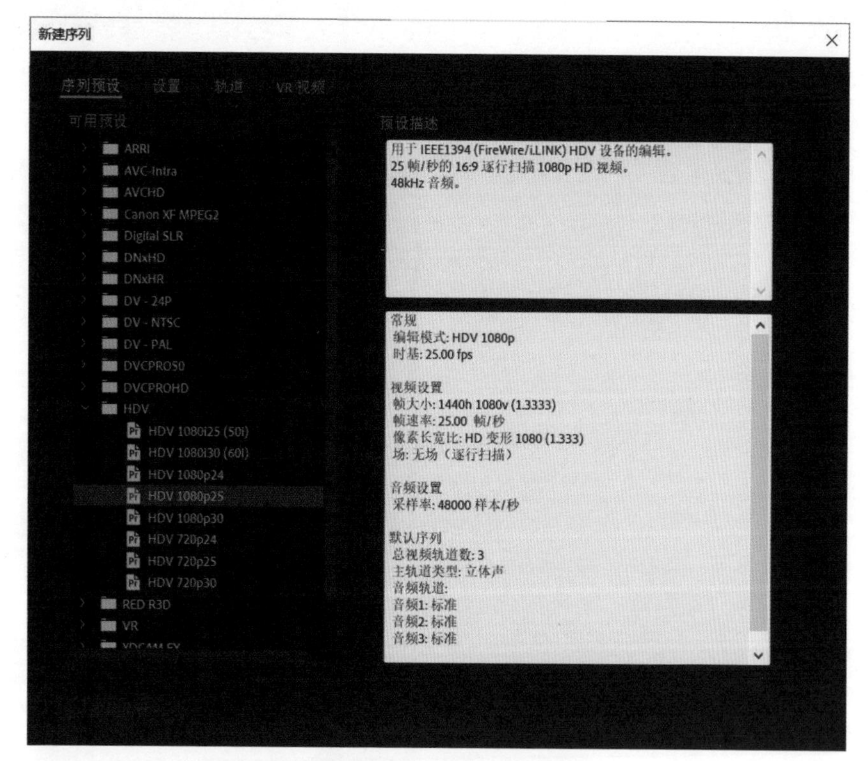

图7-4-2

图7-4-3

向【项目】面板中导入视频素材，单击并将其拖入【时间轴】面板中，弹出图7-4-4所示的对话框。

单击【保持现有设置】按钮，【节目】面板中的显示效果如图7-4-5所示。

图7-4-4

图7-4-5

单击【项目】面板中的【新建项】按钮，在弹出的菜单中选择【颜色遮罩】选项，如图7-4-6所示，弹出图7-4-7所示的对话框，设置【宽度】【高度】分别为480和540，单击【确定】按钮。

在【拾色器】对话框中选择合适的颜色，单击【确定】按钮。创建好颜色遮罩后，将其拖入【时间轴】面板，【节目】面板中的显示效果如图7-4-8所示。

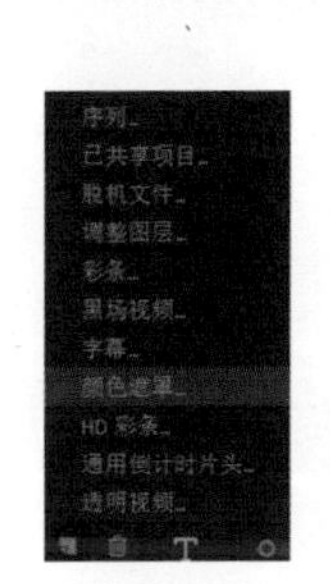

图7-4-6

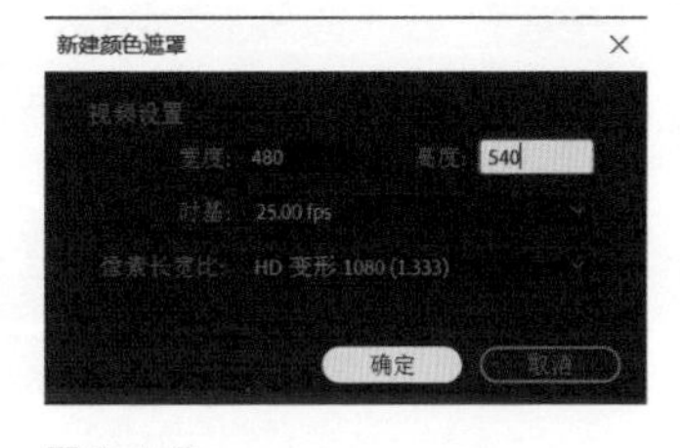

图7-4-7

图7-4-8

在【效果控件】面板中调整【位置】和【锚点】参数，使颜色遮罩位于画面左上方，如图7-4-9所示。

图7-4-9

单击【项目】面板中的【新建项】按钮，在弹出菜单中选择【颜色遮罩】选项，在弹出对话框中设置【宽度】【高度】分别为480和540，单击【确定】按钮。

在【拾色器】对话框中选择合适的颜色，单击【确定】按钮。创建好颜色遮罩后，将其拖入【时间轴】面板。

在【效果控件】面板中调整其【位置】和【锚点】参数，使其位于第一个颜色遮罩右边，如图7-4-10所示。

图7-4-10

多次复制这两个颜色遮罩，并在【效果控件】面板中调整【位置】和【锚点】参数，使【节目】面板中的效果如图7-4-11所示。

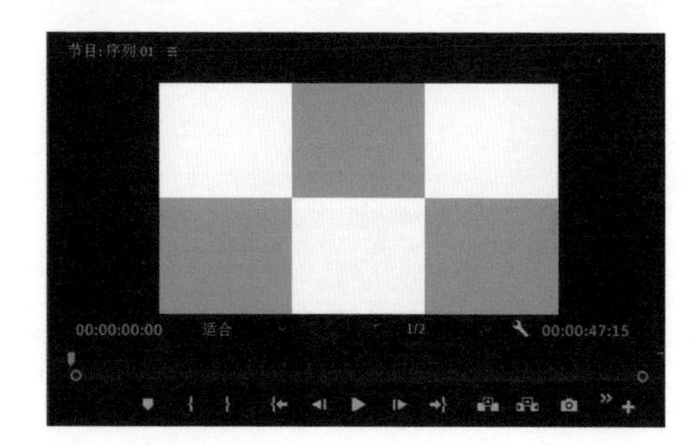

图7-4-11

选择这6个颜色遮罩，单击鼠标右键，在弹出的快捷菜单中选择【嵌套】选项，如图7-4-12所示，生成【嵌套序列01】，如图7-4-13所示。

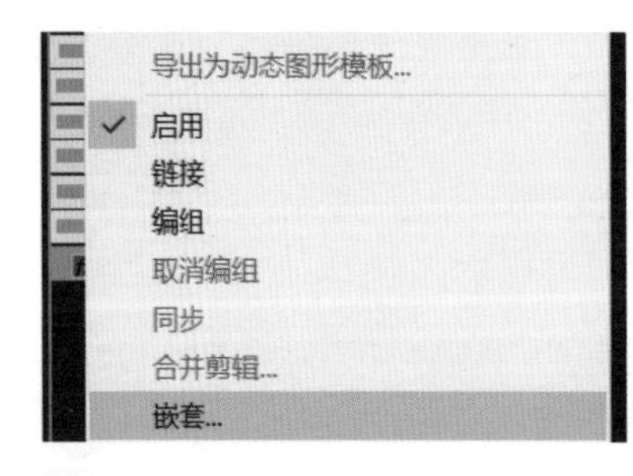

图7-4-12

图7-4-13

将视频裁剪成合适的长度，并放置于不同的轨道上，如图7-4-14所示。

在【效果】面板中搜索【裁剪】，如图7-4-15所示，将【裁剪】特效拖到【时间轴】面板中素材的上方。

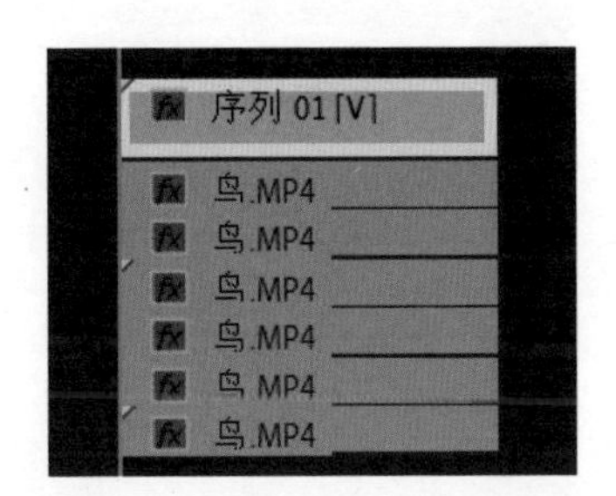

图7-4-14

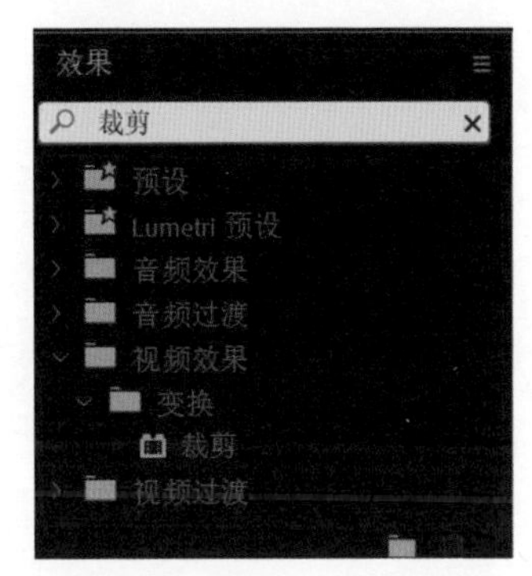

图7-4-15

在【效果控件】面板中调整【裁剪】特效的参数，使效果如图7-4-16所示。修改位置参数，进行二次裁剪，效果如图7-4-17所示。

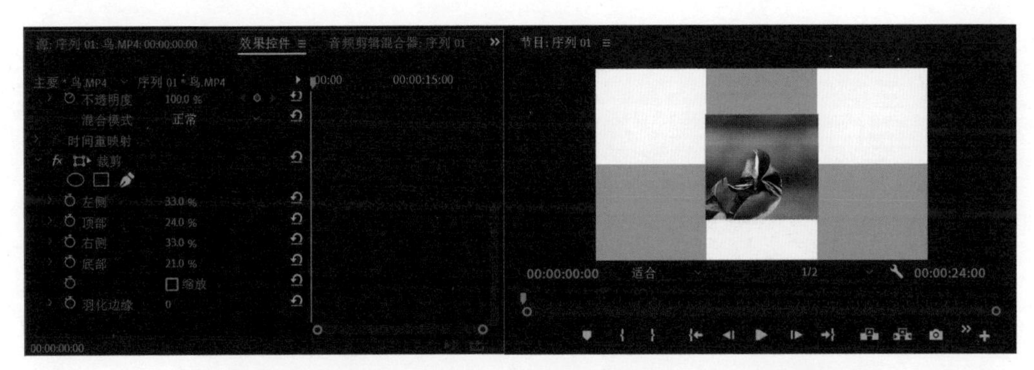

图7-4-16

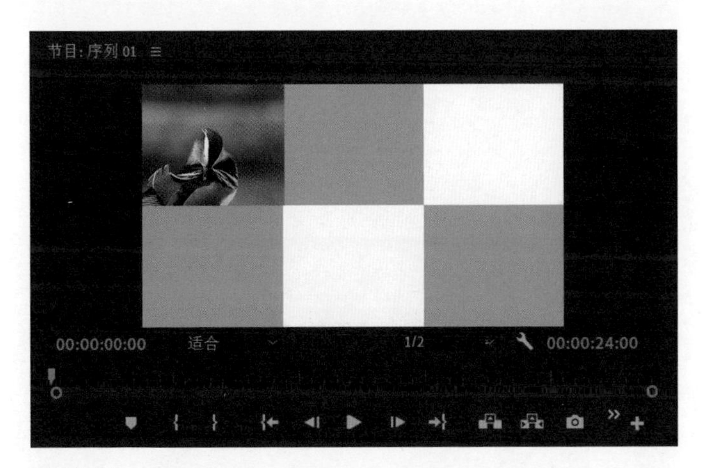

图7-4-17

重复以上操作，将每个视频裁剪成方块大小，填充满整个画面区域，如图7-4-18所示。此时分屏动画制作完成。

图7-4-18

7.5 图片展示动画案例

本案例制作图片的展示动画，一般用于电子相册等。

单击【项目】面板中的【新建项】按钮，在弹出的菜单中选择【序列】选项，如图7-5-1所示，新建【序列01】，如图7-5-2所示。

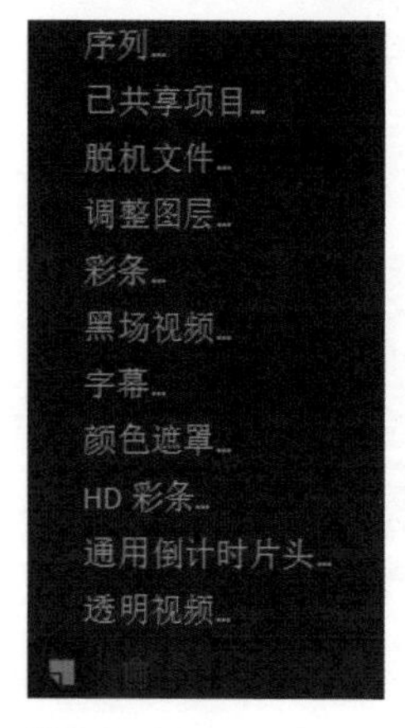

图7-5-1

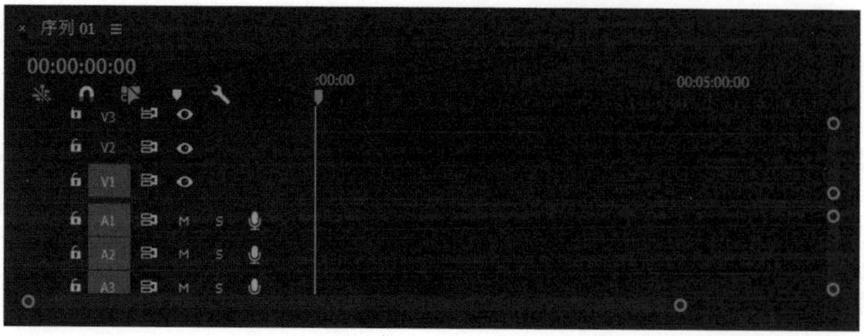

图7-5-2

单击【项目】面板中的【新建项】按钮，在弹出的菜单中选择【颜色遮罩】选项，如图7-5-3所示，弹出图7-5-4所示的对话框，单击【确定】按钮。

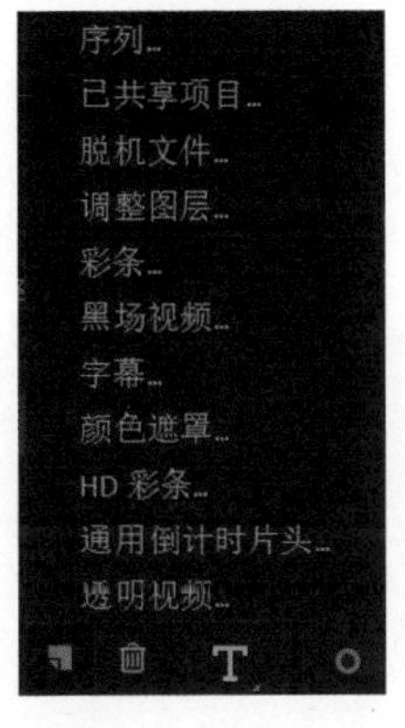

图7-5-3

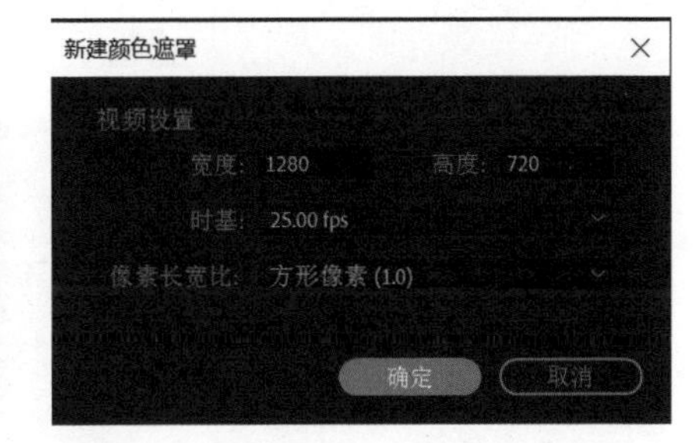

图7-5-4

在【拾色器】对话框中选择合适的颜色，如图7-5-5所示，单击【确定】按钮。

出现图7-5-6所示的对话框，单击【确定】按钮。

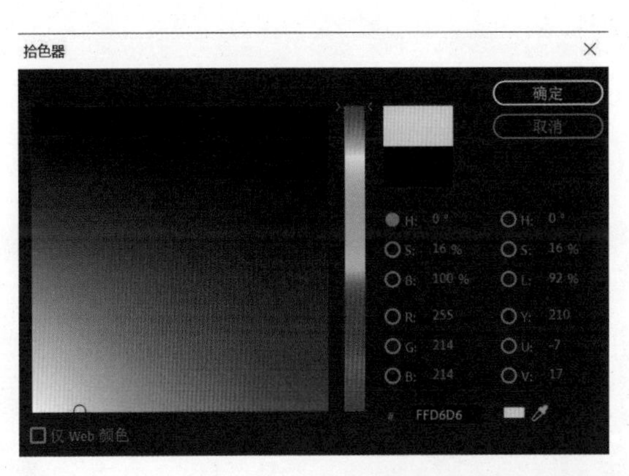

图7-5-5

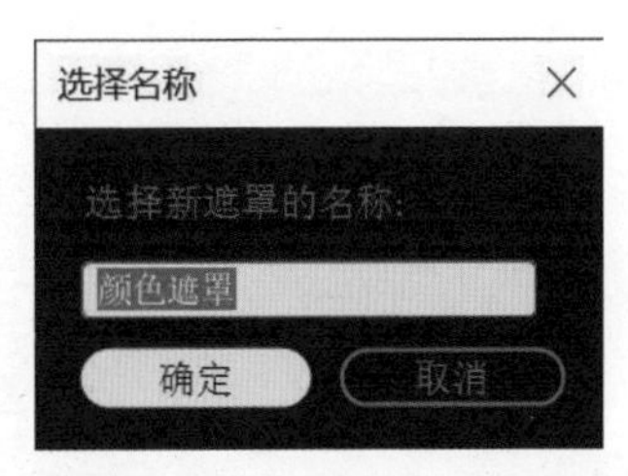

图7-5-6

将【项目】面板中的【颜色遮罩】拖入【时间轴】面板中，【节目】面板中的显示效果如图7-5-7所示。

图7-5-7

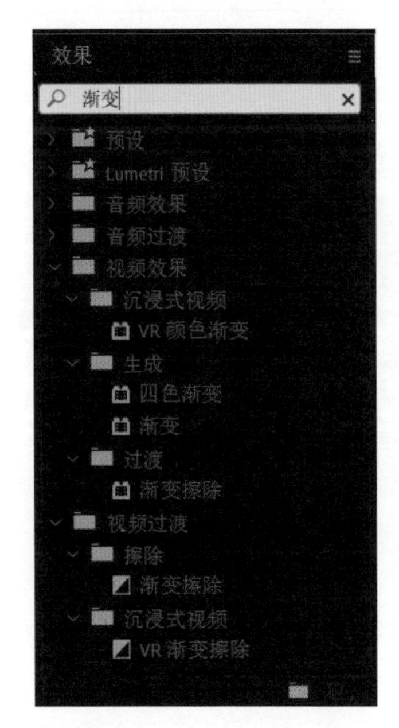

图7-5-8

在【效果】面板中搜索【渐变】，如图7-5-8所示，将【渐变】特效拖到【时间轴】面板中素材的上方，【节目】面板中的显示效果如图7-5-9所示。

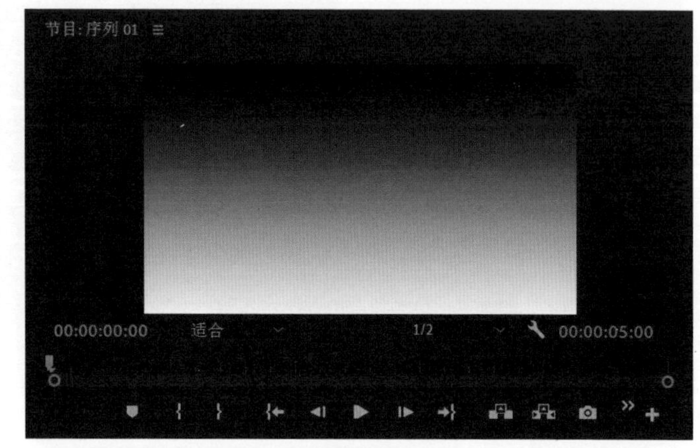

图7-5-9

在【效果控件】面板中调整【渐变】特效的【起始颜色】和【结束颜色】，效果如图7-5-10所示。

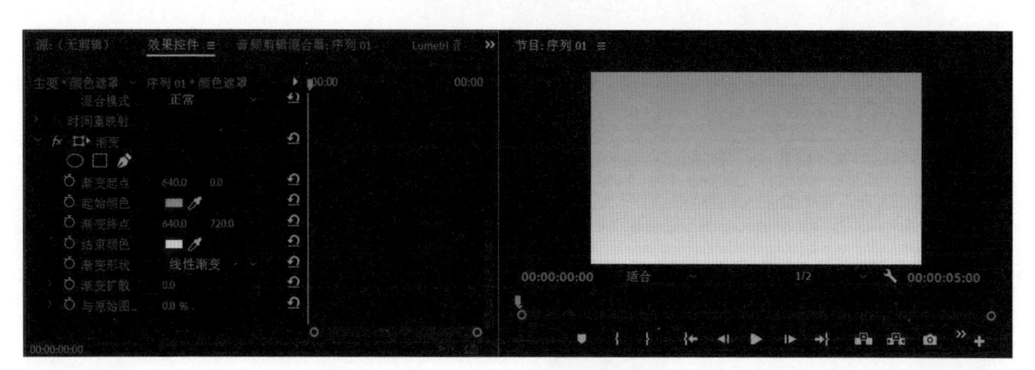

图7-5-10

向【项目】面板中导入4个图片素材，如图7-5-11所示。

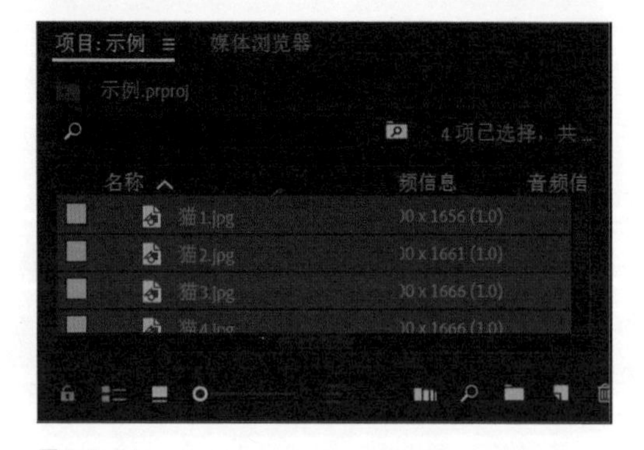

图7-5-11

将图片【猫1.jpg】拖至【时间轴】面板中，在【效果控件】面板中调整其【位置】和【缩放】并设置关键帧，效果如图7-5-12所示。

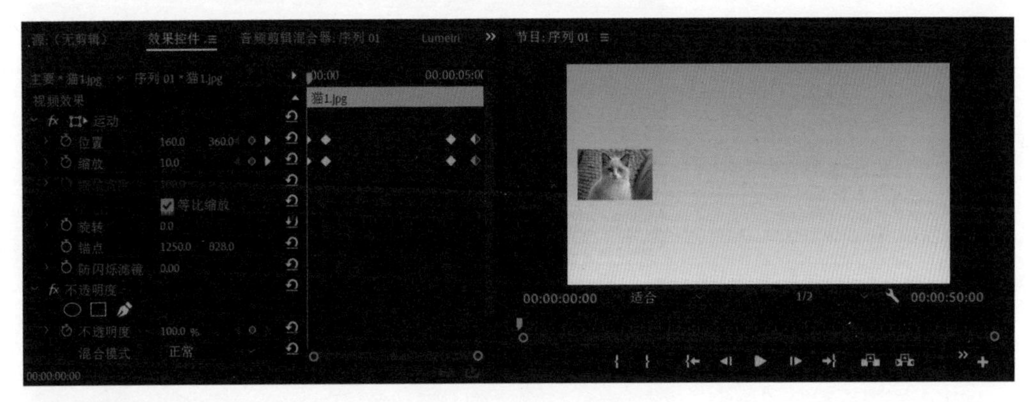

图7-5-12

将剩余的素材拖至【时间轴】面板中，选择并复制【猫1.jpg】的属性，然后粘贴给其他素材，如图7-5-13、图7-5-14所示。

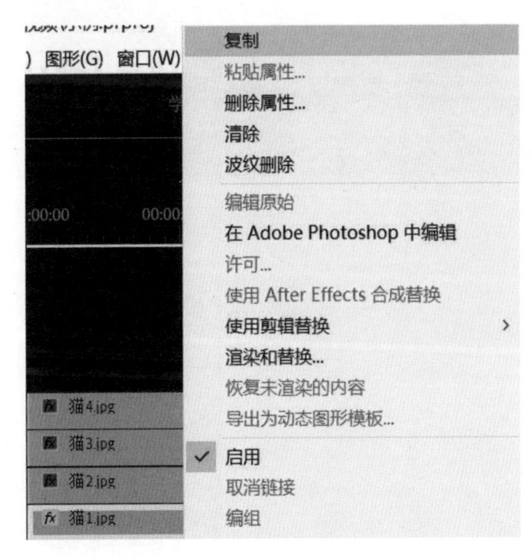

图7-5-13

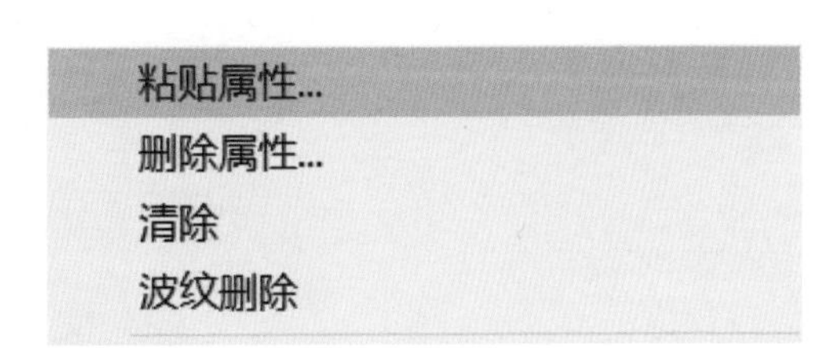

图7-5-14

调节各素材间距使其相等，如图7-5-15所示。

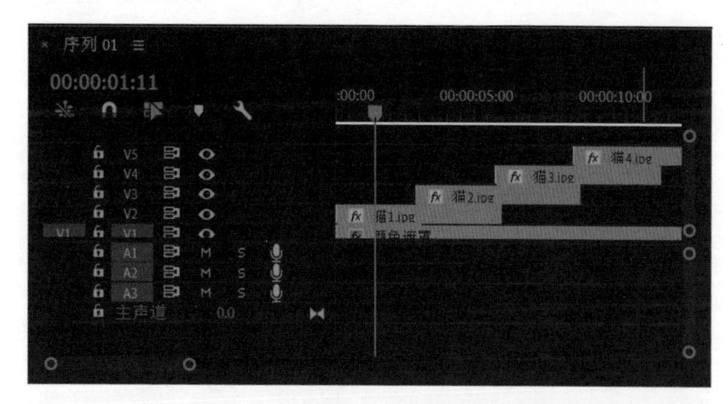

图7-5-15

单击【播放】按钮预览效果，如图7-5-16所示。此时图片展示动画制作完成。

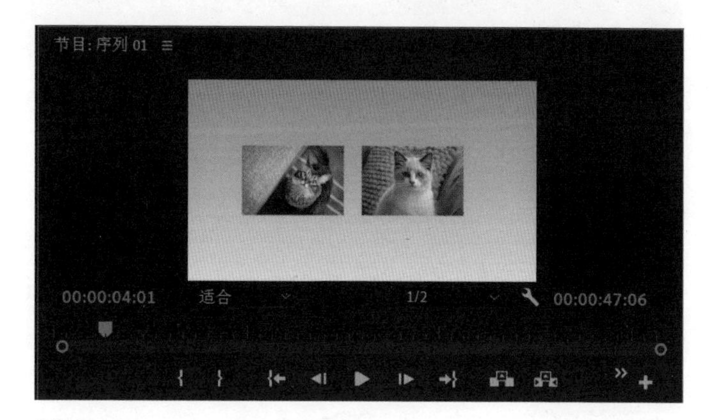

图7-5-16